超级记忆力 速成魔法书

记忆训练专家 **刘志华** 著 世界记忆大师 **二 柒** 绘

中国纺织出版社

内 容 提 要

《超级记忆力速成魔法书》是一本能够帮助你快速提升记忆力的魔法书，由记忆训练专家刘志华与世界记忆大师二柒联袂奉献。刘志华老师帮助你打破思维定式，轻松掌握五大超强记忆法：链式记忆法、数字记忆法、信箱记忆法、缩编记忆法和单词记忆法，让你更快更牢去记住任何需要记忆的内容，二柒为重点的文字和案例绘制了有趣有爱的漫画，帮助你秒懂超级记忆法。要提高记忆力，仅仅知道正确的方法是不够的，你还要不断地练习并坚持长期地运用。一旦你能熟练地运用超级记忆法，一定会让你终身受益，因为记忆力一旦得到提高，你就永远不会失去它。

图书在版编目（CIP）数据

超级记忆力速成魔法书 / 刘志华著；二柒绘图 . -- 北京：中国纺织出版社，2018.8
ISBN 978-7-5180-4890-8

Ⅰ . ①超… Ⅱ . ①刘… ②二… Ⅲ . ①记忆能力—能力培养 Ⅳ . ① B842.3

中国版本图书馆 CIP 数据核字（2018）第 069551 号

策划编辑：郝珊珊　　责任印制：储志伟

中国纺织出版社出版发行
地址：北京市朝阳区百子湾东里 A407 号楼　邮政编码：100124
销售电话：010 — 67004422　传真：010 — 87155801
http://www.c-textilep.com
E-mail：faxing@c-textilep.com
中国纺织出版社天猫旗舰店
官方微博 http://weibo.com/2119887771
北京通天印刷有限责任公司印刷　各地新华书店经销
2018 年 8 月第 1 版第 1 次印刷
开本：710×1000　1/16　印张：13.25
字数：112 千字　定价：68.00 元

前 言
preface

如何提升记忆力，是一个永恒的话题。只要有人存在，就要接触到记忆力，拥有记忆的能力是人类不断进化的基础。尤其在现代社会中，学习、生活、工作等方方面面都受记忆这种能力所影响。

阅读本书，我给读者三点建议。**一是正确的方法，二是不断地练习，三是长期地运用**。这三个要点是提高记忆和思维能力的关键要点，缺一不可。

首先来说说第一点：正确的方法。

先给大家讲个故事。有一个非常勤奋的青年，很想在各个方面都比身边的人强。经过多年的努力，仍然没有长进，他很苦恼，就向智者请教。智者叫来正在砍柴的三个弟子，嘱咐说："你们带这个施主到五里山，打尽可能多的柴火。"年轻人和三个弟子沿着门前湍急的江水，直奔五里山。

等到他们返回时，智者在原地迎接他们。年轻人满头大汗、气喘吁吁地扛着2捆柴，蹒跚而来；两个弟子一前一后，前面的弟子用扁担左右各担4捆柴，后面的弟子轻松地跟着。正在这时，从江面驶来一只木筏，载着小弟子和8捆柴火，停在智者的面前。年轻人和两个先到的弟子，你看看我，我看看你，沉默不语；唯独划木筏的小徒弟，与智者坦然相对。

智者见状，问："怎么啦，你们对自己的表现不满意？""大师，让我们再砍一次吧！"那个年轻人请求说，"我一开始就砍了6捆，扛到半路，就扛不动了，扔了2捆；又走了一会儿，还是压得喘不过气，又扔掉2捆；最后，我就把这2捆扛回来了。可是，大师，我已经很努力了。"

"我和他恰恰相反。"那个大弟子说，"刚开始，我俩各砍2捆，将4捆柴一前一后挂在扁担上，跟着这个施主走。我和师弟轮换担柴，不但不觉得累，还觉得轻松了很多。最后，又把施主丢弃的柴挑了回来。"

划木筏的小弟子接过话，说："我个子矮，力气小，别说2捆，就是1捆，这么远的路也挑不回来，所以，我选择走水路……"

智者用赞赏的目光看着弟子们，微微颔首，然后走到年轻人面前，拍着他的肩膀，语重心长地说："一个人要走自己的路没有错，关键是怎样走；走自己的路，让别人说，也没有错，关键是你认为自己走的路正确。年轻人，你要永远记住：选择方法比努力更重要。"

如果你真的想通过本书提升你的记忆力和思维能力的话，你一定要对本书讲授方法的部分仔细阅读。

第一点，我通常把它叫做：知道。

再谈谈第二点：不断地练习。

如果你把拥有超级记忆这种能力当成了一种知识，那就大错特错了。掌握一门知识与掌握一种能力，方法是完全不同的。游泳和骑自行车是怎么学会的呢？那就是找一个教练在一旁指导，自己进行实际练习，十几二十个课时下来，熟能生巧，自然就掌握了。如果只有教练的讲解，你自己不去实际练习，实践操作，就算你把世界最有名的游泳和骑自行车教练请来，你还是不可能学会游泳和骑自行车。因为只有实践才能出真知，实践才是检验你有没有熟练掌握记忆方法的唯一标准。

对于这本书，我希望你不光是阅读了，而且还要跟着练习。当你从前半部分知道了提升记忆力的正确方法，这对你来说并不等于掌握了方法，还需要不断地练习，直到练习成为习惯，才叫掌握了。

第二点，我通常把它叫做：做到。这第二点是人们最常忽视的，因为很多人都是知道，就是没有做到！

最后来说第三点：长期地运用。

为什么出租车司机的技术一定比你更好呢？因为他们长期运用。一个出租车司机就算平均每天驾驶出租车跑400公里的里程，一个月除掉休息日至少也跑了8000公里，一年就是100000公里！长期地练习、运用，最后可以说达到了"人车合一"，做任何动作都不需要大脑下达指令，看看他们在马路上快速变道有多么流畅就知道了。而这一切，都是把驾驶技术长期运用出来的结果，而我们虽然会开车，但不经常开车，所以就会经常在紧急情况下手忙脚乱。

亲爱的读者，如果你学习本书中提高记忆和思维能力的内容而不运用的话，对你来说一点儿用处都没有，你永远都只会停留在第一点上，只是知道，你永远达不到"人车合一"的状态，只有长期地运用，跟出租车司机一样，才能达到第三点。

第三点我通常把它叫做：得到。得到最难，因为难在坚持！ 有一位神经学方面的科学家曾经说过："任何领域你都可以达到世界大师级的水准，但前提是，你要在这个领域坚持10000个小时以上！"

在本书中，你将学到快速提升记忆力的方法及技巧，来记住那些在日常生活中你想要记忆的资料，轻松记忆英语单词、法律条文、文章、古文、长串的数字，也可以学到如何脱稿演讲半小时，瞬间记住重要的谈判论据及人物信息，轻松应对考试压力，还可以增强学习自信心并提升工作效率70%以上，迅速提升你的思维效能。

亲爱的朋友，让我们现在开始吧，一起乘坐"超级记忆力训练法"这枚开发大脑潜能的火箭，收获你人生的多重惊喜和幸福的未来！

2017年12月

目 录
contents

你的大脑你应该做主

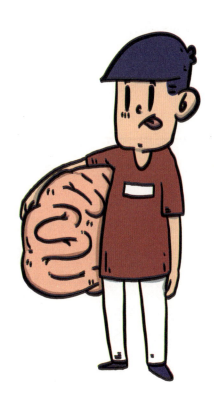

01 了解我们的大脑

　　人类的大脑是迄今为止最大智慧的体现，是在长期进化过程中发展起来的思维和意识最先进、最高级的器官。虽然体积不大，但功能十分强大。然而，我们对自己大脑的了解非常少，少到令人吃惊的地步。

　　只有了解了大脑，我们才能发挥大脑最大的记忆潜能。因为所有的记忆都必须经过大脑来处理，而大脑把处理后的信息储存在大脑里的某一个角落，当我们需要的某一个信息出现的时候，这个信息就会以经验的形式在大脑中直接反映出来。

　　我们的大脑主要分为左、右大脑半球。经过美国加州理工大学的心理学家罗格斯佩里及很多科学家的后续研究，人类已经基本上熟悉了两个大脑半球的思维功能。目前普遍被大家所接受的左右脑分工理论是这样的：

　　左半脑主要负责逻辑理解、记忆、时间、语言、判断、排列、分类、逻辑、分析、书写、推理、抑制、五感（视、听、嗅、触、味觉）等，思维方式具有连续性、延续性和分析性。因此左脑可以称作"意识脑"或者"学术脑"。

　　右半脑主要负责空间形象记忆、直觉、情感、身体协调、视知觉、美术、音乐节奏、想象、灵感、顿悟等，思维方式具有无序性、跳跃性、直觉性等。因此右脑又被称为"创造脑"或者"艺术脑"。

　　实际上左右脑的分工在生活中随时可以感受到，启动右脑思维处理图像、声音、韵律等资料要比启动左脑思维处理文字、数字等资料要高效得多。比如，唱歌就要比记歌词来得容易，因为唱歌是听到声音和韵律，运用的是右脑思维，歌词是文字，文字没有图像，就只能启动左脑死记硬背。同理，同样的材料，看影片就要比看文字容易记忆得多。右脑不但有高速信息处理能力，还会让人突然爆发出一种幻想、一项创新、一项发明等，右脑还是低耗高效工作区，可以轻松无负担地高速记忆、高质量记忆，经过训练，还可以让人具有过目不忘的本领。

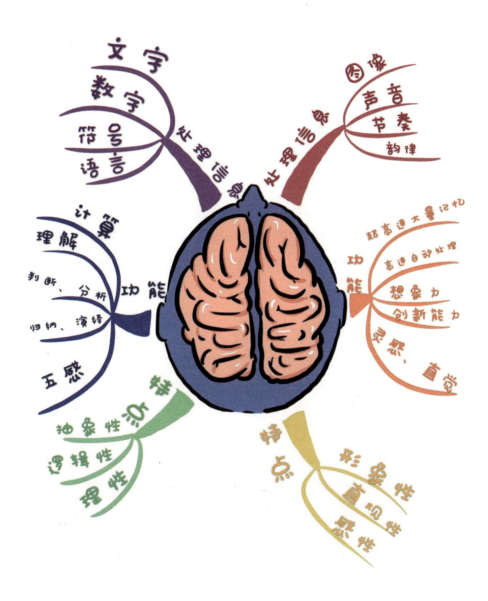

02　拥有超级记忆力的 3 个指标

记忆包含两个方面：记和忆，记主要体现在识记和保持方面，忆则体现在确认和回忆方面。那如何衡量一个人的记忆力和思维能力呢？

经过这么多年的教学和研究，我总结了以下3个指标：

Norm1 记忆的速度

这个很重要，同样一本书，同样数量的英文单词，同样的考试资料，有人20分钟就全部完成记忆，而有些人三天还没有完成，甚至有些人10天都没有记住。不同的人对同一样资料的记忆，速度会有差别。因为速度快，可以节省很多时间，效率当然会提高，学习就会更轻松；速度慢的，当然会花大量的时间，但效率却并不一定高。

Norm2 记忆的准确度

不管是平时的学习还是考试，对准确度的要求都是相当高，记忆没有了准确度，就犹如射击运动员打靶老是脱靶，全都脱靶了能会有好成绩吗？

Norm3 记忆的持久度

保持长时间的记忆很重要。例如，在我们生活和学习中，很多人都会在临近考试或者其他紧急应用的时候采取左脑条例式的死记硬背，保持短期的记忆，一旦考试或者应用完毕，脑子里就没有"货"了，丢掉了，更有甚者，还没有上考场，就都忘光了，既浪费时间又浪费精力。而现在的很多资格考试都是需要保持记忆持久度的，也就是长期记忆。如何保持长期记忆呢？两个诀窍：正确的记忆方法+正确的复习技巧。

03 测测你的记忆力

为了让你对自己目前的记忆和思维水平有个更好的了解，同时也为了在后面能检验你的训练成果，下面我提供两套测试题目，以便你在训练之前明确自己的起点。第一套是检测记忆力的问答题，第1题，选择适合你的一项，第2~14题，用"是"或"否"来回答就可以了。第二套是数字、中文及英文单词的综合记忆测试题，需要你运用当前的记忆水平来记忆。

Test1 选择题

Q1 你平常用什么方式记东西、记资料？

A.用整体来记忆，也就是把要记的东西综合归纳。

B.以部分来记忆，也就是把对象分开，然后逐一记忆。

Q2 你能利用其他辅助的方法，如表格、图或总结等来帮助记忆吗？

Q3 你能不能在面对大量信息时，把最重要的部分找出来并单独记忆？

Q4 你是否在面对众多信息时，把对自己有用的东西很快找到？

Q5 当你所碰到的只是日常琐事或无关紧要的事时，你是否很快就忘记？

Q6 你是不是一定要先理解了才能记住某些内容？

Q7 当面对一个较为复杂的事物时，你能够找出其中的联系以及各个部分的相同点和不同点吗？

Q8 你在面对一件比较重要的事时，是否能集中注意力，告诉自己一定要记住？

Q9 你是不是习惯将有关联或有相似点的事物归纳到一起记忆？

Q10 当你面对一些比较枯燥的内容，比如字母和数字，你是用单纯背诵的方法记下来，还是用理解或关联的方法记下来？

Q11 在记忆比较吃力的时候，你会不会把要记忆的东西换成另一种东西？

Q12 你能在记忆时仔细观察对象，并考察与其相关联的事物，以便记忆得更清楚吗?

Q13 你会借助一些其他的方式，如听、说、写或亲身的经历，来加深你对记忆对象的认识，使你记得更牢吗?

Q14 在记忆某些内容后，你是否会很快再重温一遍，以便记得更牢?

评分规则:

在第1题中，调查表明，选择A的人拥有较强的记忆力。第2~14题中，答"是"表示你懂得记忆的正确方法，记忆力较强。答"否"的人记忆方法欠妥，记忆力需要提高。

你属于哪一种呢?

Test2 中文词、英文字母、数字记忆及英文单词的综合记忆

1.请在3分钟内按顺序记住下列中文词:

惹是生非　轻车熟路　跑步　小燕子　其中必然

海产品　杨过　急转弯　纠风办　一笑而过　跨区作业

公告制度　化妆品　马大哈　通讯簿　阳光明媚

信用卡　养老金　睡觉　别墅

2.请在3分钟内按顺序记住下列英文字母:

R Q I C Y M X B D E F J W L U S G Z A
O B W O I Z L N T R V

3.请在3分钟内按顺序记住下列数字:

99 67 19 46 65 11 43 57 03 96 38 24 07 56 63 80 45 93 42 29 87 65 21 39 54
06 23 39 20 53

4.请在2分钟内按顺序记住下列英文单词:

purse　found　queue　brook　schedule　damage　pioneer　scream　quick
leather

5.请在2分钟内把下面文言文记下来：

三十辐共一毂，当其无，有车之用。埏埴以为器，当其无，有器之用。凿户牖以为室，当其无，有室之用。故有之以为利，无之以为用。

上面一共100项资料，请在规定的时间内完成，位置和顺序都不能错，正确的得1分，错了就扣1分。

现在来看看你的成绩吧。

你的得分：

99%的读者朋友看见这些乱七八糟的变态测试题后都觉得不可能完成记忆，你不要沮丧，如果感觉到测试难度太大了，那是因为你还没有学会我的记忆方法和技巧。我相信，只要你认真读完本书，按照我所讲授的方法认真地练习，坚持一段时间，你一定能做到。

04 "我天生记忆力不好"

　　我不知道你有没有问过自己这个问题，但是来上超级记忆力训练课程的学员有90%的都被我问过这个问题。是啊，你为什么记不住呢？最闹心的是，有些明明花了很多精力和时间记住的资料，过几天就忘得一干二净，仿佛从我们的头脑一下子消失了。所以我们常常把自己当成一个健忘的人，大多数人都会为此感到失落和沮丧，但又没有找到真正的原因，所以很多人就给自己戴上了一顶帽子："我天生记忆力不好。"

　　天生就是记忆力不好？我要告诉你的是：这实在是个很烂的借口！这是个会毁掉你一生成就与梦想的借口！但很多人已经习以为常了，在这里，我希望你立刻把这个埋藏在心灵深处的"烂草莓"抛弃掉，只有抛弃掉，你才能立刻行动，获得改变。我曾经在中学的时候看过一本书，书上有一句话一直驱动我不断地前行，今天我也把这句话送给你：一个人所拥有的能力，不是天生的，而是通过后天的努力不断训练出来的！是啊，我们的身边是不是也有你很羡慕的演讲大师，讲话犹如滔滔江水绵绵不绝？你可听说，他一出生，医生检查完毕就说他是个演讲天才？你是不是也被某一位企业家的风采深深地折服，你可听说，他一出生就是位出色的企业家？包括我也一样，我今天能把提高记忆力和思维能力的方法通过出版传达出来，这种写作能力也不是天生的。我们每个人都有自己的潜能，关键是看你要不要去开发。只要愿意开发记忆和思维能力的潜能，你也能够成为一位出色的记忆大师！

　　话虽如此，你无法记住资料的问题还是没有彻底地解决，这些年通过对学员的调研我发现，记不住的原因有以下几个方面。

05 记不住的 4 个原因

Reason1 没有找到正确的记忆方法

从现在起，我希望你告别填鸭式的死记硬背，通过本书，掌握提升记忆力和思维能力的正确方法，让你轻松学习，快乐记忆。填鸭式的死记硬背不光会加重你学习的负担，还会让你的大脑容易疲劳，从而产生厌学的情绪。

Reason2 压力导致容易紧张

我相信很多人都有这样的经历，由于紧张，无法在黑板上书写出曾经背得滚瓜烂熟的资料，面对考试试卷大脑一片空白，或者突然被要求上台在很多人面前发言，站在台上，看着下面的人群就紧张得不行，甚至突然忘记自己要演讲的内容。克服紧张，只有一个办法，那就是保持乐观积极的心态，多参加有益身心的社团活动，多训练自己当众演讲，增强自己的抗压能力，以减少紧张的次数。

Reason3 疾病和药物的原因

由于现代医学的发展和各种生物技术的突飞猛进，由药物引发的记忆障碍发生的概率相当少。直接由疾病和意外导致的记忆障碍倒是很多，比如脑出血、脑炎、颅骨创伤、帕金森病等。

Reason4 吸烟及过度饮酒

现代医学研究发现，吸烟会加速记忆力和思维能力的丧失。尤其是中年人，受损的程度更加明显。烟瘾大的人记忆力通常比常人差。适量的饮酒可以帮助人们消除疲劳，活化血液循环。但过量饮酒对身体的危害会相当大，尤其是现在假酒甚多，过量地饮用更容易产生酒精中毒，危及生命。

　　记忆力差由于第三点和第四点引起的很少，第一点和第二点占了95%以上。如果你也是由于第一点和第二点的原因，我要告诉你：用正确的方法，乐观的心态，放松自己，从现在开始重塑你的记忆力和思维能力吧！

轻松开启记忆之门

　　什么是记忆？记忆是对经历过的事物能够记住，并能在以后再现（或回忆）或在它重新呈现时能再认识的过程，包括识记、保持、再现三方面。如果没有好的记忆力，我们很难在学习中取得好的成绩。千里之行，始于足下，从现在开始，保持良好的心态，克服遗忘，我们一起去寻找打开记忆之门的钥匙！

06　改善不良的用脑习惯

　　社会不断进步，我们面临的生存压力越来越大，越来越需要记住大量的资料，例如，要立即记住别人的名字和面容、牢记专业文献和信息、脱稿进行演讲和汇报、轻而易举就能记住庞大的报表数据和日程安排记住大量的单词和专业概念。

　　由于我们对智力的片面运用导致了不良的用脑习惯，造成了大脑部分功能能负担过重，导致了学习过程中记忆和思维能力下降，效率降低。科学家研究发现，如遇有以下情况出现则不可继续使用大脑：头昏眼花，听力下降，耳壳发热；四肢乏力，打呵欠，嗜睡或瞌睡；注意力不集中，思维飘忽；思维不敏捷，反应迟钝；食欲下降，出现恶心、呕吐现象；性格出现改变，如烦躁、郁闷不语、忧郁等现象；看书时，看了一大段，却不明白其中的意思；写文章时，掉字、重复率增多。

　　以上情况都是用脑过度的信号，这时，你必须放松下来，可以闭目养神或眺望远景，也可以到户外散步休息片刻。如果有条件的话，你还可以做一些使接受能力更强、创造力更丰富以及让头脑更清醒的练习。

　　在每期的记忆力和思维能力培训班上，我们都会教给学员一些有利于大脑的训练，比如冥想。让学员找一个舒服的姿势坐着或者躺着，做几个深呼吸，放上一段巴赫或者亨德尔的慢板乐章，让音乐缓缓流进学员的体内，放松全身的肌肉，使人进入冥想状态，消除大脑的紧张，让学员感到舒适而内心宁静。一般10分钟的冥想就可以让大脑清醒，心旷神怡、心平气和、真我复原，我们也把冥想叫做"音乐浴"。工作、学习了一天的你，下班回到家，练练瑜伽也是不错的放松方式。

如果你的时间不是很充裕的话，可以花上几分钟的时间，做做现在非常流行的健脑操。这里简单介绍两种方法，以供大家学习交流。

方法1 手脑并用，增强注意力和活力。

①用双掌轻揉太阳穴，来回揉5~10次。双手置于后脑，一边吸气，一边头慢慢向前伸；接着一边吐气，一边把头慢慢向后仰，反复5~10次。吸气、吐气要温和，不宜用力过猛。

②双手置于后脑，做上下揉搓及按压的动作，来回揉5~10次。双手交叉，用右手大拇指在上及左手大拇指在下的动作，交替进行5~10次。相互交叉时双手可以轻轻摁

捏，效果更佳。

③指根交叉，用力紧压手指3~5秒，放松后再交叉，反复数回。

④脚底紧贴地面，上半身放松，然后双手手掌朝下，做前后摆动状，反复10~20次。

方法2 最好每天做一遍，大概需要6分钟。使肩部充分活动开，从而改善脑部的供血，对缓解大脑疲劳有非常好的效果。

①上下耸肩运动：两足分开而立，约与肩宽，两肩尽量上提，使脑袋贴在两肩头之间，稍停片刻，肩头突然下落。做8遍。

②背后举臂运动：两臂交叉并伸直于后，随即用力上举，状似用肩胛骨上推头的根部，保持两三秒钟后，两臂猛地落下，像要撞到腰上（实际也可撞上）。做1遍。

③叉手前伸运动：屈肘，五指交叉于胸前，两手迅猛前伸，同时迅速向前低头，使头夹在伸直的两小臂之间。做5~10遍。

④叉手转肩运动：五指交叉于胸前，掌心朝下，尽量左右转肩。头必须跟着向后转，注意保持开始时的姿势，转动幅度要等于或大于90°。左右交替，做5~10遍。

⑤前后曲肩运动：先使两肩尽量向后弯曲，状如两肩胛骨要碰到一起似的。接着用力让两肩向前弯曲，如同两肩会在胸前闭合似的，并使两只手背靠在一起，做5~10遍。

⑥前后转肩运动：曲肘，呈直角，旋转肩部，先由前向后，再从后向前，旋转遍数不拘。

大量的实践证明，科学用脑，合理用脑，左右脑平衡地发展，更有利于工作和积极创新，并可以刺激脑细胞再生，恢复大脑活力，提升记忆和思维能力。同时还可以多食用一些保健食品，补充大脑能量，也可以多食用一些健脑食物，比如核桃、鱼虾类、海藻类、蜂蜜、豆类、动物内脏等，不光健脑还是延缓人体衰老的有效方法。

07　自信决定记忆力

日本有位著名的教育家和心理学家叫多湖辉，他曾经做了一个专门研究"自信与记忆、思维关系"的实验。实验结果证明，自信心影响着一个人记忆力的发挥。当一个人自信心增强的时候，精力往往非常旺盛，情绪非常乐观，大脑细胞的活动能力大大增强，从而使大脑智能思维不断奔腾流动，想象天马行空，给予大脑全新的能量。如果一个人总认为自己记忆力不好，常说"我记不住、我的记忆天生不好"等消极的话，久而久之，一种负面的能量产生，一到学习的时候，就会出现精神不振、情绪不高，甚至厌学的状态，最后记忆力和思维能力越来越差，学习效果越来越不好。

所以我经常在课堂上跟学员分享：就算是你丢掉了一切，也不要丢掉心灵中最宝贵的财富，那就是自信。当你丢掉了自信，你就会蒙蔽自己的心灵，偏离自己的内心，失去自己的理想。

对一些人来说，即使感觉自己的记忆力的确不怎么好，但也一定不要失去信心，只要树立正确的学习态度，不断给予自己"我能记住"的潜意识能量，你一定可以突破自己的障碍，就算是面对你觉得最不擅长的资料时，你也能信心百倍地去面对，自然就能记得多，记得牢了。世界记忆冠军多米尼克在10多岁的时候被老师判定为阅读障碍症，经常当众受到侮辱，但经过他自己不断的训练和潜意识导入，最终赢得了8次世界记忆冠军而载入吉尼斯世界纪录，所以世界著名的潜能激励大师博恩·崔西曾经指出，潜意识对人的影响力量是显意识的3万倍以上，由此可见潜意识的力量之大。除此之外，还可以用以下方法，让自己的心态永远保持积极的巅峰状态。

08 让心态保持积极状态

方法1　多做一些记忆游戏

在网上可以搜索到许多提升记忆的游戏。我本人最喜欢玩的一款游戏就是"记忆连连看"，不光可以训练大脑瞬间捕捉图像的能力，还可以提升注意力，有兴趣的朋友可以试一试。

方法2　有时间多出去旅行

抽点时间到郊外跟大自然亲密接触，也是放松自己的好方法。每当来到原野、漫步海边或走进森林的时候，总感到那里的空气特别新鲜，浑身充满了轻松的感觉，同时，通过旅行，还可以增长自己的见识，拓展自己的视野，提高自己的应变能力。

方法3　学会爱与感恩

感恩是爱的一种表达方式，古人说："万事发生，必有因果，必有助于我"，这就是感恩的最好注解。人生没有失去，只有学到，虽然表面上看是失去了，实际上你却学到、得到了经验。如果我们常存感恩之心，把爱传递给每一个人，那我们人生中的积极情绪就会长盛不衰。

方法4　懂得空杯归零

在记忆力和思维能力训练课程中，这一点更加重要。因为每一个人都形成了自己独特的记忆方式和思维习惯，如果不懂得空杯归零的话，这些记忆力和思维能力训练课程对你来说是毫无帮助的，因为我们的记忆力和思维能力训练课程是一次打破常规思维的训练课程，必须从开始就要保持一颗平常心，一切从"零"开始。只有这样才能充实自己，提升自己，最终令自己受益。

最后就是一点，遇到问题要立刻解决。否则的话，你未解决的问题累积越多，大脑就会被越来越多的问题所困扰，到最后你就完全失去信心，甚至放弃提升自己的记忆力和思维能力。如果你在练习的过程中遇到了问题，你可以写邮件给我，我会尽我最大的努力协助你解决在训练过程中遇到的困扰。我的邮箱是：lzh882950@163.com.

09　3 种记忆模式

根据遗忘由快到慢的时间点，记忆分为三类：即时记忆、短时记忆、长时记忆。

类别1　即时记忆

又被称为瞬间记忆，我们走在马路上，看到建筑物、风景、车流，听到各种声音，这些都是以即时记忆的形式进入大脑中的。只要不是对自己特别有利的，或者特别引人注目的特殊事件，我们都会很快遗忘，因为大脑没有把这些信息进行有意识的加工。在即时记忆中，旧的信息经常就会因为新信息的加入而成为"牺牲品"，这是正常的，我们把这种遗忘叫做正常遗忘。

类别2　短时记忆

短期记忆是迈向长期记忆的一个中转站。我们每个人都有短时记忆的经历。最典型的莫过于期末考试前5~10天，几乎每个同学都会抱起书本把内容突击记忆一遍，以期待在考试的时候有个好的发挥。一旦考试完毕，这些记住的内容又几乎从脑袋里面消失不见了。因为短时记忆的容量有限，没有真正地巩固到大脑，只是把印象加深了一些而已。通常这样的记忆能保持5~10天就已经很不错了，而且短时记忆很容易出现：舌尖现象。

类别3　长时记忆

长时记忆的信息容量非常大，因为是长时记忆，故所记忆的资料都能在这里有效地得以长期的保存。但长时记忆并不等于长期记忆，也会随着时间的流逝而发生一定程度的变化。长时记忆和短时记忆最大的区别主要体现在对记忆材料的提取上，长时记忆由于采用了记忆方法和思维能力的组合，大脑对长时记忆的处理和提取速度非常快，常常给人一种记忆犹新的轻松感觉。要形成长时记忆，就必须把即时记忆通过短时记忆转化成长时记忆。三类记忆的转换过程请看下页图所示。

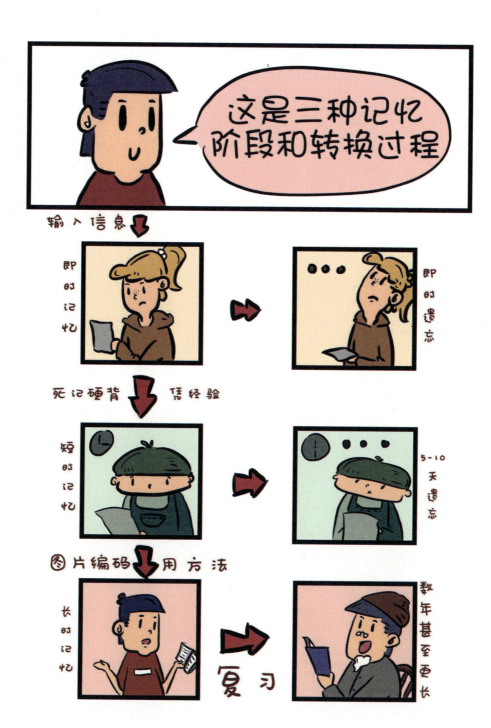

10 艾宾浩斯遗忘曲线

在记忆过程中，遗忘的魔咒一直会困扰着我们。所谓遗忘就是随着时间的推移，记忆的内容慢慢地变得淡薄了，最后一直淡薄到无论怎么提示或者暗示都想不起，因为它已经消失不见了，这就是遗忘。为了让所记忆的资料长久地保持在智力仓库里面，我们唯一能做的一件事情就是：克服遗忘，将遗忘最小化。

在这里，不得不谈谈艾宾浩斯这个人。艾宾浩斯是德国著名的心理学家，他是通过实验方法研究遗忘规律的第一人。艾宾浩斯自身通过采取机械记忆法熟记13个由2个辅音与1个元音构成的无意义音节进行了为期为一个月的实验，记录下了不同时间间隔自己所能记忆起的音节数，首次发现了大脑遗忘的规律，由此绘出了著名的艾宾浩斯遗忘曲线。而后他又根据不同的材料对比实验，得出了不同性质材料的不同遗忘曲线，并在1885年公开发布。由此真实再现人脑的遗忘过程，拉开了研究记忆的新篇章。

这条全世界公认的艾宾浩斯遗忘曲线纠正了人类关于遗忘机理的一贯错误认识。根据下页的曲线来看，遗忘的规律是不均衡的，遵循着对数曲线的变化规律，由快到慢，最后逐渐减慢。当然艾宾浩斯还同时提出，经由某些因素可以影响遗忘，比如采用一些记忆法，或者说是学习方法。经过长期的研究，他还发现了最大化记忆的最好方法就是定期复习，直到他说的"过度学习"的时候为止。那怎么样复习才能达到事半功倍的效果呢？下面介绍给大家几个复习时候的关键要点。

11 复习的 3 个关键要点

Point1　不翻书复习

这要求我们在复习的时候不能翻书，直接在大脑里把要复习的资料像放电影一样过一遍。如果中途有遗忘，不要管它，继续往下复习，直到把整个资料复习完，再回想刚才遗忘的部分，有可能就很轻松想起遗忘的是什么内容了。如果这次还是回忆不起来，不要着急，放轻松，深呼吸一下，翻开书，运用记忆方法重新记忆一下刚才遗漏的内容，和前后的知识点联系起来记忆，这是保持记忆的最好方法。

Point2　找到自己最佳的复习时间

根据人的生物钟来看，最佳的黄金复习时间是睡觉前及睡觉醒后1小时，这种睡前醒后复习法是有科学依据的，根据心理学的研究，人们学习的知识会受到以前记忆的内容的影响，也会受到以后学习内容的干扰。一天之中，中午复习效果最差，晚上和早上较好。因为早上复习，较少受以前学过的内容的影响，而晚上复习则可在较长一段时间不受以后学习内容的干扰，更便于学习后的资料在大脑中存储。

Point3　复习时运用恰当的时间间隔

根据艾宾浩斯遗忘曲线，如果记忆后20分钟不复习的话就遗忘了41.8%，8～9个小时就遗忘了64.2%，直至一个月后遗忘了78.9%，也就是虽然你花了很长的时间和精力，由于没有有效地运用复习的时间间隔，最后变得一点儿效率都没有。

为了形成长期的记忆，我把经过这么多年教育实践总结出来的一种非常有效的间隔复习方法分享给大家，这个方法叫"3-5-1-3-5-1六步复习时间法"。具体的运用是，当我们对资料形成有效的记忆后，在3小时之内必须不翻书复习一遍，5小时之内再复习一遍，10小时之内再复习一遍，3天之内再复习一遍，5天之内再复习一遍，10天之内再复习最后一遍，经过这6次复习后，长时的记忆就没有问题了，也就是说在这个时候你已经形成了长期记忆。

12 增强记忆和思维能力的 3 大黄金思维模式

由字母"O"可以想象的东西很多。它可以是气球，可以是地球，可以是圆圈，可以是零，可以是鸡蛋，可以是窗户、脑袋、宇宙、面包圈、铁环、杯口、碟片、画框、汽车轮胎、眼镜片、灯罩、方向盘、帽子、飞碟……

只要开启你的大脑思维，就可以对这个简单的字母"O"做出多种多样的另类思维发散。而你以往所看见的那些记忆天才跟我们最大的区别就是思维能力不一样，记忆天才们的超级思维主要体现在以下3大黄金思维模式：

黄金思维模式1　善用图像

图像能够清晰地表达我们的思想，可以灵活地把所要记忆或者展示的资料呈现在大脑里面，直观又有冲击力。这也是很多自认为记忆力和思维能力非常差的人，一旦经过图像思维训练之后，记忆力和思维能力都有了质的飞跃的原因。"一图抵过千言万语"就是这个道理。图像思维不但可以很轻松地记忆资料，还能在复习和回忆的时候使资料变得更加清晰。

黄金思维模式2　善用比喻

运用比喻可以把陌生的东西变为熟悉的东西，把深奥的道理浅显化，把抽象的事理具体化、形象化。善用比喻可使事物生动形象具体可感，在记忆的过程中可以产生联想和想象，给大脑以鲜明深刻的印象，从而加快记忆的速度。

黄金思维模式3　善于建立联系

建立联系的三个要点是：联结、转接、跳跃。什么是联结？香蕉和梨子就叫联结，是同类方向进行建立联系。什么是转接？香蕉和水果刀就叫转接，是不在一个层面上的纵向逻辑思维联结。什么叫跳跃？香蕉和游泳就叫跳跃，这是一种发散的联结，打破常规，任意地发散，只要你自己认为能建立联系就可以了。

　　掌握这3大黄金思维模式，不仅可以让我们获得超强的记忆力和思维能力，而且还能够激发潜意识，让我们创造出更多的可能。

打破思维定式

　　法国生物学家贝尔纳说过：妨碍学习的最大障碍，并不是未知的东西，而是已知的东西。对于想提高记忆力和思维能力的人来说，一旦形成某种固有的思维定式，那就会极大地影响提升的效果。

13　提高记忆从联想发散开始

　　古希腊人认为，提高记忆力和思维能力的方法最根本的原理就是：依靠自己的联想。如果一个人具有十分活跃的联想能力，那么他必定具有强大的记忆能力和思维能力。

　　运用抽象思维来记忆的时候，我们总是在寻找资料中的逻辑，比如要背诵一篇文章，我们总是被左脑指挥着不由自主地去寻找和分析上下两个句子或者上下两个段落的逻辑关系，一旦找到逻辑关系，我们就会从上面句子推断出下面的句子，由上面的段落推断出下面的段落，直到把整篇文章背诵下来为止。但由于这种记忆方式由逻辑思维所主导，那我们处理的方式就是按部就班地死记硬背，不光是速度慢，而且遗忘比较快。

　　而右脑形象思维记忆则不同，因为它是以图像、声音、音乐等载体存储的记忆。效果好得多，而且记忆的牢固度也会强很多。比如，我们看过了一部电影，几乎能把这部电影70%的内容复述出来，对比一下，看过一本书后，你能复述70%的内容吗？不能，能复述20%就已经很不错了。造成这两种结果最大的关键是你有没有运用右脑思维记忆。看电影听到的是声音、看见的是图像画面，而音乐和图像可以对我们右脑产生最直接的刺激和思维的发散，而书籍呢，就是呆板的文字，对大脑来说几乎没有什么刺激和发散。如果要记住一本书70%以上的内容，那就必须转换方式，运用右脑形象思维把文字内容联想成图像、声音等，然后像电影一样刻录进大脑，大脑经由这些画面等建立起一个网络，提高大脑的容量，才能轻松实现高效记忆。

14　联想发散能力的3个关键要点

在联想的过程中，你必须掌握以下3个关键要点：

Point1　夸张夸大

电视广告为了体现产品的功能、效果等，这种手法经常采用。常人觉得最难记忆的材料，只要运用夸张夸大这一原则进行加工过后，都会产生鲜明的形象存储在大脑里面，让人印象深刻。

现在以蝌蚪、熊猫、插座、花瓶、垃圾桶这些词汇来说明一下。如果就这样读一遍，我相信你几乎很难在大脑里形成完整的印象，但运用夸张夸大的原则，你的大脑就会立刻作出反应。比如，蝌蚪：一群黑压压的蝌蚪在水里游来游去；冰箱：堆得几层楼一样高的冰箱；插座：你正踩在一堆插座上面；花瓶：花瓶"啪"的一声打碎了；垃圾桶：你用手去掏垃圾桶，手上沾满了很恶心的垃圾。这样一夸张一夸大是不是感觉就不一样了？

Point2　生动鲜明

背诵古诗和课文，我们会要求孩子根据自己的理解把古诗和课文绘成一幅有情节的图画，只要孩子绘画结束，基本上古诗和课文都背诵完了。生动鲜明的图画比呆板的文字更能吸引大脑的注意，更能帮助孩子记忆并打开思维。

Point3　诙谐有趣

大家在看过笑话后就可以把笑话记忆下来，并且轻松地复述出来，原因就在于笑话是诙谐有趣的。用3天时间死记硬背《道德经》简直是要命的事情，但运用正确的记忆方法，采用诙谐有趣的原则，一切迎刃而解。

比如《道德经》第十八章的原文：大道废，有仁义；智慧出，有大伪；六亲不和，有孝慈；国家昏乱，有忠臣。可以利用诙谐有趣的原则尝试这样记忆：大刀废了（大道废），有人医（有仁义）；智慧很粗（智慧出），有大尾巴（有大伪）；六个亲戚都不和睦（六亲不和），有药吃

（有孝慈）；国家很昏乱（国家昏乱），有忠臣。

那如何提升和训练联想发散能力呢？我们就从发散思维能力训练开始吧。

15 什么是发散思维

我曾经在杂志上看过这样一个故事：一位妈妈从市场上买回一条活鱼，女儿走过来看妈妈杀鱼，妈妈看似无意地问女儿：你想怎么吃？煎着吃！女儿不假思索地回答。妈妈又问：还能怎么吃？油炸！除了这两种，还可以怎么吃？女儿想了想：烧鱼汤。妈妈穷追不舍：你还能想出几种吃法吗？女儿眼睛盯着天花板，仔细想了想，又想出了几种：还可以蒸、醋熘，或者吃生鱼片。妈妈还要女儿继续想，这回女儿思考了半天才答道：还可以腌咸鱼、晒鱼干吃。妈妈首先夸奖女儿聪明，然后又提醒女儿：一条鱼还可以有两种吃法，比如鱼头烧汤、鱼身煎，或者一鱼三吃、四吃，是不是？

以上妈妈和女儿的这一番对话，实际上就是在对孩子进行发散性思维训练。

发散思维的英文名叫divergent thinking，也有一些学者叫做辐散思维、求异思维。发散思维是不依常规，寻求变异，对给出的材料和信息从不同角度、向不同方向、用不同方法或途径进行分析和解决问题的一种思维方式，是一种非常重要的创造性思维。心理学研究表明，创造性思维既非与生俱来，也不是少数成绩好的尖子生所特有的。研究发现，85%的创造性，只需要具有中等或中等以上的智力。

因此，在生活和学习中，经常进行发散思维能力训练，就可以让我们的思维变得流畅、多端、灵活、新颖和精细，从而更大程度地提升创造性。

我国著名教育家陶行知先生说得好：处处是创造之地，天天是创造之时，人人是创造之人。但每个人的创造性却存在很大差异，其中的关键就是培养。那如何训练自己的发散思维能力呢？可以根据以下几个重要的方法。

16　发散思维训练 1　培养观察力

把观察力运用在记忆的过程中就好比把存款存入银行的存款机一样，观察力可以把需要记忆的材料用右脑思维深深地储存在大脑里面。大脑对材料储存的细节越多、越仔细，说明观察的能力越强，在记忆的时候发散思维的能力就越强。

在生活中，随时随地都有机会进行增强观察力的练习，以下方法都是非常有效的：

①走在街道、公园或者旅游景点时，可以边走边说出周围的花草树木、颜色、方位。②看看身边匆匆而过的行人，当他从视线里消失后立刻回想他的衣服、裤子、鞋帽的款式、颜色，身高、胖瘦以及身体最明显的特征等。③经过商场时，迅速把货架上的商品扫视一遍，等走出商场后，仔细回忆货架上的每一件物品，越多越好，越仔细越好。④如果你实在不愿意出门，可以在电脑上玩一款游戏——大家来找茬，这对培养观察力和视觉分辨能力是非常有帮助。⑤读完一篇文章后，试着把读到的情节用自己的语言将其中的场景复述出来。⑥看到电视新闻或者网上对人有启发的故事尽可能地用场景描述的方式讲给朋友或者身边的人听。⑦看完一部电影或者一集电视连续剧后，不妨把里面的场景尽可能详尽地讲给身边的人听。

以上"场景再现"训练法不仅可以培养观察力，更能提升思维发散能力并增强自我表达能力，练得越多，你就会发现自己的观察能力越来越棒。

如果你能够把观察力运用在记忆人的名字上那就更好了。当你认识了一个新的朋友和接到他的名片后，你就必须快速地观察他，记住他最明显的特点，晚上睡觉时，闭上眼睛再回想一下他的名字和特征，让他的音容笑貌都深深地刻在你的脑海里面，你大脑里储存的人名越多，你的人际关系就一定会越好。

17　发散思维训练 2　激发想象力

在进行想象力训练的时候无须让想象符合逻辑，也不必担心想象过于大胆，甚至觉得有些愚蠢，只需要把想象中的形象清清楚楚地刻画在脑海里，尽可能地把想象中的图像、动作、旋律等与不同的事物有效联系起来就好。我在这里跟大家分享几种想象力的具体训练方法：

方法1　梦境想象法

请按以下线索回忆自己的梦境：梦是彩色的吗？在哪里发生的？有哪些人？当时发生了什么事情？你的心情如何？假如你对所做的梦已经模糊了，那就请你做个白日梦吧，天马行空，任意发挥，将白日梦发挥到极致。

方法2　读图想象法

从一张图中，你看到了什么？如果图片上有人或者动物，请在自己的脑海中想象：这些人是谁？他们在干什么？这是在哪里？是什么时候呢？发生了什么事情？你还能想象到什么样的情景？请仔细看图，充分挖掘图片里的信息，然后闭目想象，越生动越好。

方法3　物体想象法

请把生活中任意两样或三样东西组合在一起，试试看能创造出什么新东西呢？请在大脑里想象这个新东西是什么样子的，会有什么样的新功能呢？这种新功能能带来什么样的改变呢？

方法4　词句想象法

利用右脑的创造力把一些随机写出来的词语或者句子用图像串联起来，成为一幅生动有趣的场景。例如我们随机写了这些词语：鞋子、布娃娃、冰箱、沙发、苹果、猪八戒、鼻子、铅笔、太阳、洗衣机。运用词句想象法串联起来就是：一双漂亮的鞋子被布娃娃塞进了冰箱里后，却发现沙发上的苹果被猪八戒用鼻子顶住，铅笔砸坏了太阳下的洗衣机。这样一串联就把一些毫无规律的词语演绎成了一幅有趣的场景，是不是很有想象力？

18　天才，首先是注意力

在学习的过程中，注意力会让大脑迅速接收学习资料所发出来的信号，这个信号能迅速触动脑波激发我们的记忆潜能，注意力越集中，激发的大脑记忆潜能就越强大，记忆学习资料越轻松，速度就越快，当然学到的知识就越多。因此，法国生物学家乔治·居维叶说："天才，首先是注意力。"

心理学家经过研究证实发现，一个没有经过训练的人注意力的集中度一般都不会超过20分钟。那是什么原因导致我们正常人的注意力很容易分散呢？经过10多年的教学及对学员的研究发现，注意力不集中的原因主要分外因和内因两类：

外因：就是外部对个体形成的干扰，比如噪声、对话、不舒服的椅子和桌子、不合适的灯光、电视、工作、家务、网络、电子邮件等。外因在已经踏上工作岗位的朋友身上出现比较多。

内因：主要是个体自身的因素。比如饿了，累了，病了；对所做的事情没有动力，感到厌烦，没有兴趣；对环境焦虑，无法面对学习和工作的压力和烦恼；还有就是对自己或者环境的一些消极想法以及一些不切实际的白日梦等。

如果在学习的过程中，不把分散的注意力集中起来，再聪明的人也不一定能记住很多学习资料，漫不经心、视而不见、听而不闻是记不住的。还有很多的人记忆资料的时候，既不是特别专心，也不是很分心，记得住多少算多少，完全处于心不在焉的自发状态，这样无法发挥大脑的记忆潜能，当然就不能提高学习效率了。如果你的注意力太容易分散的话，一定要对自己所出现的问题进行有针对性的注意力训练，常见的注意力训练方法有以下几种，供大家训练的时候参考。

19　注意力训练 1　固点凝视法

固点凝视法能让视觉集中能力最大限度发挥出来，从而最大限度地增强注意力。有一个叫《纪昌学箭》的故事，说古时候有个年轻人，名叫纪昌。他想拜著名的射箭手飞卫为师，学习射箭。飞卫对他说："你先回去练习不眨眼睛的功夫再来跟我学射箭吧！"纪昌听了飞卫的话，回到家里，练习不眨眼睛的功夫。他天天在妻子的织布机前看梭子来回运动。一晃2年过去了，纪昌来到飞卫面前说："用针尖在我眼前晃动我都不眨一下眼睛。"飞卫说："仅仅不眨眼睛还不行，你回去继续练习，把小东西看成大东西，然后再来我这里学习射箭吧！"纪昌听了飞卫的话，回到家里用牛毛系一只小昆虫，整天不停地看着。一晃4年过去了，他已经能把昆虫看成车轮一样大了。于是他拿来弓箭，搭弓射箭，一箭正中小昆虫，牛毛丝毫未断。这个故事其实讲的就用固点凝视法来提升注意力的。那怎样进行固点凝视训练呢？

①找一张无折痕的白纸，用黑色的笔在白纸上画一个直径0.5cm大小的圆点。

②找一个坐着舒服的姿势，让全身的肌肉自然放松，嘴巴轻轻合上，自由地呼气和吸气，两眼睁大，双手举起白纸和眼睛平行，让黑点和眼睛相隔30cm左右。

③凝视白纸上的黑点2分钟，尽量不要眨眼睛。

④时间到了以后，两眼迅速望向白色的墙壁，看看墙壁上是否会出现一个白色的圆点，如果出现，让白色的圆点在墙壁上保持的时间越长越好。如果没有出现白色的圆点或者出现只有短短几秒钟的话，请你务必每天坚持重复以上的步骤进行训练。

⑤每天早、中、晚各训练一次，大约经过一周的训练后，你就能把白色的圆点保持3~4分钟，这时候，你的注意力就有了很大的提升，如果希望效果更好，继续坚持练习就好。

20　注意力训练 2　静坐冥想法

所谓静坐冥想法，就是在意识十分清醒的状态下停止意识对外的一切活动，达到"忘我"的一种快速提升注意力的心灵净化体操。

冥想可以让一个情绪焦躁的人平静下来，自发而有意识地让声音传到右脑，这样他的脑波自然会转成脑动力波。当脑波呈现为脑动力波（特别是中间脑动力 α 波）时，会让一个人的注意力大幅度提升，同时也让想象力、创造力以及灵感源源不断地涌出，并有一种轻松愉悦的感觉。因此，通过正确的静坐冥想强化对注意力的控制是优化和重塑大脑的最佳方法。

①选一个让自己舒服的姿势坐好，传统的姿势是席地盘腿而坐，两手自然交叉放在胸前。假如觉得这样坐不舒服，还有许多其他姿势，比如仰卧、坐在自己的腿肚子上或直背椅子上等。

②挺直脊背，可以想象自己的头被一根绑在天花板上的绳子吊着。

③闭上双眼，用鼻子深深且缓慢地吸气，让肺部充满空气，腹部和整个胸腔因而扩张，屏息4秒钟或更久，让自己享受这种吸入新鲜空气的感觉，然后用鼻子或嘴缓缓呼气，到接近呼完就把腹肌收缩，将腹部所有气体排空。当吐气时，感觉你释放出所有的忧虑、挂念、紧绷的情绪和压力。

④冥想心灵深处有一汪蓝色的湖泊，湖泊平静得没有一丝涟漪。湖泊岸边，长满了花草树木，花草树木的影子倒映在湖泊里，色彩斑斓，十分清晰。然后再想象一朵朵美丽的牡丹花的影子在心灵湖泊中倒映出来，粉红的花瓣、细嫩的花蕊上点缀着金黄色的花粉。想得越逼真、越细致，心情便越沉静，注意力就会越来越好。也可以试着把周围的声音和冥想结合起来，如听到钟表嘀嗒嘀嗒的声音，可以把这声音想成雨水滴在心灵湖泊上所发出的声音，每滴一下，湖泊上便溅起一丝涟漪。你还可以一边倾听，一边数着雨滴的数量，1，2，3，4，5……当数到100多次的时候，睁开双眼，你会觉得心情异常平静，通体舒畅，注意力特别集中。

每天这样冥想2次，每次2、3分钟，能有效控制精神涣散，收拢浮躁的心。经常这样训练，形成习惯，注意力会越来越好。

21　注意力训练 3　舒尔特方格法

　　舒尔特方格法可以测量注意力水平，是全世界范围内公认的最简单、最有效也是最科学的注意力训练方法。舒尔特方格（Schulte Grid）的制作非常简单，就是在一张方形卡片上画 1cm × 1cm 的 25个方格，格子内任意填写阿拉伯数字1~25。测试时，要求被测者用手指按1~25的顺序依次指出其位置，同时诵读出声，施测者在一旁记录所用时间，数完方格中25个数字所用时间越短，注意力水平越高。

　　以 12~14 岁年龄组为例，读完25个数字在 16秒以内为优良，26秒左右属于中等水平，36秒以上则问题较大。如果你是 18 岁以上的成年人最好可达到 8秒的程度，20秒为中等程度，30秒则问题较大。

　　刚练习开始，达不到标准是非常正常的，切莫急躁。应该从25格开始练起，感觉熟练或比较轻松达到要求之后，再逐渐增加难度，千万不要因急于求成而使学习热情受挫。经过一段时间的练习，视野较宽、注意力参数提高较快的读者，为了避免反复用相同的表产生记忆，自己可以增加难度制作新的舒尔特表，可以从30格开始，待到30格不能满足学习要求时，可以继续提高练习的难度，制作36格、49格、64格、81格的表。也可选用汉字，但一定要选择自己熟悉的文字。

　　在练习舒尔特方格法的时候，千万不要急于求成，一定要遵循下面的方法：

　　①保持腹式呼吸，眼睛距离表格30~35cm，视点自然放在表的中心。

　　②在所有字符全部清晰入目的前提下，按顺序找到1~25，A~Y，汉字应先熟悉原文顺序后找全所有字符，注意不要顾此失彼，避免因找一个字符而对其他字符视而不见。

　　③每看完一个表，眼睛稍做休息，或闭目，或做眼保健操，不要过分疲劳，以免给眼睛带来损伤。

　　④练习初期不考虑记忆因素，每天看10个表就好，循序渐进地增加难度。

22 思考从联想开始

当一个人的视觉、听觉、嗅觉、味觉和触觉受到外部信息的刺激时，大脑就会运用联结、转结和跳跃这三种模式同时将已知的信息和外部的信息进行有效的碰撞和对接，这种碰撞和对接会让我们的视野变得开阔，由此产生一些创造性的信息。

有一本书叫《优化你的大脑魔力》，这是我非常喜欢的一本书，尤其是书中的一个联想能力练习，更是我每次讲联想能力训练的时候都要借鉴的案例。这本书的作者叫希德·帕纳斯。他在一次培训中问他的读者们：如果我说4是8的一半，对吗？人们不假思索：对。随后他又说：如果我说0是8的一半，对吗？经过短暂的思考后，几乎所有的人都同意这一说法，因为人们联想到了数字8是由上下两个0重叠而成的。然后他又问：如果我说3是8的一半，对吗？现场的人都可以看到把8竖着分为两半，就是两个3。然后他又说到2、5、6，甚至1都是8的一半。能否看出这些联系来，就看你是否拥有丰富的联想能力。只要你对现有信息放开固有的思维局限，进行有效的联结、转结和跳跃，你就会越来越惊叹自己的创造力。

要提升创造力，就必须提升联想的能力，在生活、工作、学习中就必须突破生活习惯、传统的观念、定式的思维、专家权威的意见、对困难的畏惧以及束缚我们做出行动的许多条条框框。寻求突破，就必须让我们的思维对已出现的事物进行联结、转结和跳跃到另一个或另一种同类的或者不同类的事物上。

23 玫瑰花的 3 种联想模式

我们以"玫瑰花"为例，利用联结、转结和跳跃这3种模式进行联想。

模式1 联结

联结其实就是通过月季花进行线性的联想，所有联想的东西都是跟玫瑰花同一个种类，没有超出"花"这一物种的层面。从逻辑思维方面来说，这种线性的联结有它的好处，但是要提升记忆力和思维能力，我们就必须尝试着摆脱这种线性联结方式，只有这样才能让联想更加自由。

模式2 转结

转结出来的事物跟玫瑰花根本不在同一层面上，好像转了个弯一样。想到了种植玫瑰花的花农、种植玫瑰花用的花棚、扎上玫瑰花的花车、摆着玫瑰花的商场、卖玫瑰花的花店、种玫瑰花的土地、泡有玫瑰花的花茶、用玫瑰花装点的婚礼等，虽然是纵向的思维，但是它们之间还是有紧密的关联性。这种转结的联想，提升了联想的宽度，让联想更加开阔。

模式3 跳跃

跳跃模式下的思维变得无拘无束，可以横向、纵向天马行空地想象，不再受到逻辑的限制。从玫瑰花联想到金钱、跑车、航天飞机、死亡、中奖、奴隶、洗澡、房子、香水、昆虫等，只要你能想到的都可以。跳跃的联想跟玫瑰花看似没有任何关联，但它们之间其实是可以找到联系的。根据苏联心理学家戈洛万和斯塔林做的实验，任何两个概念经过四五个阶段就可以建立联想，我们按照"有联系找联系，没有联系强迫发生联系"这一方法，进行大胆的联想：一个人在情人节那天靠卖玫瑰花赚取了很多金钱，一个美女用玫瑰花装点自己的超级跑车，宇航局给每一个在航天飞机的宇航员送了一支玫瑰花，一个人吻了一下玫瑰花后就被毒死了……

24 联想开花训练

如何才能拥有丰富的联想能力呢？我在这里提供3种练习方法（联想开花训练+联想接龙训练+曼陀罗训练），只要坚持21天，你的联想创意能力一定会"思如泉涌"般流淌出来。

所谓"联想开花"，就是以自己熟知的某一个事物或者词组为"中心主题"展开联想，发展思维，所发散的主题内容不受任何限制地向四面八方发射，就像一朵绽开的花，花瓣向四周展开一样。

联想开花的关键要点：

①由一个主题散发出联想。

②直接、快速、不加修饰。

③尽情释放你大脑的联想。

通过这3步，经常进行"联想开花"的训练，有利于激活大脑的思维和大脑神经细胞。如果把这种联想开花训练运用在工作和生活中，你就会很容易找到人和人之间的想法共通点，从而快速与人达成共识。

在这里，我们以"动物名称"为主题，进行联想开花练习，得到了以下这些动物的名称：蜂猴、熊猴、台湾猴、豚尾猴、叶猴、金丝猴、长臂猿、马来熊、大熊猫、紫貂、貂熊、熊狸、云豹、豹、虎、雪豹、儒艮、白鳍豚、中华白海豚、亚洲象……

同样我们也可以随便拟定一些中心主题进行练习，比如以"时间"为主题进行联想开花：闹钟、手表、影子、太阳、月亮、星星、日食、手机、沙漏、蜡烛、香、更夫、怀表、日晷、早晨、中午、下午、傍晚、分针、秒针……

"梦想"的联想开花：中奖、医生、教师、太空舱、月球、外星人、长城、秦始皇、美国、跑步、科学家、奖学金、天宫一号、嫦娥……

25 联想接龙训练

联想接龙，顾名思义就是首先选定好某一个事物或者词或者词组为"中心主题"，然后由中心主题激发出一个联想，再由激发出的联想变成主题继续激发出下一个联想，像条长龙一样无限制地往下延伸。联想接龙分为两种，一种为自由式，可以任由思维自由发挥。一种为固定式，以成语、歌词、故事、因果关系等为固定发散结构。

联想接龙的关键要点：

①由主题直接发散出一个联想；

②再由联想变成主题激发下一个联想思维；

③一层一层深入思维；

④直接、快速、不加修饰；

⑤尽情释放你的大脑。

根据以上的步骤，如果我们以"书本"为主题，开始自由式联想接龙练习，就是这样：

从"书本"联想到"教室"，想到"教室"就联想到"黑板"，想到"黑板"就联想到"老师"，想到"老师"就联想到"粉笔"，想到"粉笔"就联想到"石灰"，想到"石灰"就联想到"岩石"，想到"岩石"就联想到"地球"，想到"地球"就联想到"中国"，想到"中国"就联想到"五星红旗"，想到"红星红旗"就联想到"国徽"……

当然我们也可以用词语等为主题，进行固定式联想接龙，固定式联想接龙必须设定规则，比如以每个词语的第一个字或者最后一个字进行联想接龙。以"中国"为主题，并以联想出来的词的最后一个字进行固定式联想接龙训练：中国→国家→家春秋→秋风扫落叶→叶问→问号→号角→角色→色盲→盲人→人民银行→行家能手→手机→机会→会议→……

刚开始练习时，建议大家先采用自由式联想接龙，让联想思维自由驰骋，能让联想思维变得更加开放。

26 曼陀罗训练法

　　曼陀罗训练法一共分9个区域，每个区域都是能诱发潜能的"魔术方块"。与以往条例式笔记相比较，可得到更好的视觉效果。曼陀罗训练法能在任何一个区域（方格）内写下任何事项，从四面八方针对主题作审视，是让思维充分发散的一种非常直观的"视觉式思考"。

　　曼陀罗思考的六个思维路径其实就是英语中所提到的六个常用问句（5W1H）：What、Why、Who、Where、When、How。每一件事情或主题，如果都可以透过这六个思维，就可以得到完整的答案了。在六个思维与曼陀罗图的搭配操作上，由于How本身就是一种询问过程，它是融合在5W当中的，不管你在思考哪一个W，都可以把How的精神跟态度加进来，也因此How并不出现在曼陀罗图中。

　　五个W摆在九宫格的十字当中，中心点摆的是Who，右边是When，左边是Where，下边是Why，上边是What。因此横轴上是 Where → Who → When，是空间—人—时间的安排；纵轴是What → Who → Why，是一种问的安排，问做什么，问主体，问为什么这么做。懂得这些后，我们在使用

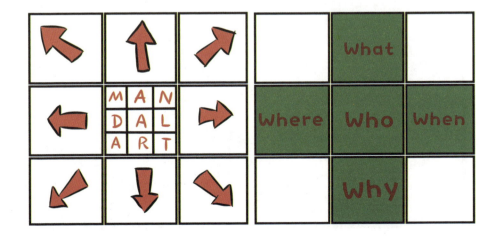

曼陀罗训练法的时候就变得容易多了，当然也不能忽略掉使用技巧。

曼陀罗训练法的运用技巧：

①活用右脑的潜能，就是曼陀罗图观想法。

②随时随处记下灵感，有效选择并运用资讯。

③重要的事往往隐藏在理所当然的事当中。

④发散联想产生的句子尽可能简洁，不要记自己觉得事情已完结的句子。

⑤直视自己完成的发散联想，利用视觉思考引发潜能，并掌握问题特征与重点。

⑥必须集中注意力，观察凝视某个中心主题，把其他细枝末节全部去掉，自然而然许多感觉就会泉涌而出，有了强烈的感觉，引起内心的震撼，才会去思考和选择。

⑦可以进行"概念化"（实转虚）、"图像化"（虚转实）、"抽象化"（虚转虚）、创意化（实转实）等自由联想转换。

链式记忆法

链式记忆分为两种，一种叫链式环扣法，另一种叫链式串联法。都是通过创造性的联想思维，找到材料之间最好的链接点，形成一条记忆链条，相互联系，从而更快、更简单、更轻松而且更加牢固地记住大量的资料。

链式记忆法非常适用于记忆较多的、相互没有联系的资料，只需要在记忆的时候将资料与资料按顺序链接起来就好。对于日常资讯、地理城市、皇帝年号、工作流程、演讲内容的关键点等，不管使用链式记忆中的环扣法还是串联法都可以进行非常好的记忆。

27 记忆资料的转换

在讲记忆资料转化法则的时候，我都会做一个实验，现场给每一个学员30个杂乱无章的抽象词语，用10分钟的时间，看看他们现场能按照顺序记住多少个。测试完成后，休息10分钟后又进行第二次测试，这次我给的30个词语全部是形象的，同样用10分钟在现场按顺序记忆。两次测试的结果发现，同样的时间，30个形象词语大多数同学都能够记住20个以上，而30个抽象词语只有少数几位记住15个以上。

为什么会出现这样的情况呢？形象材料是看得见摸得着的，一看见这些材料，大脑就能直接快速地提取出它们的图片，记忆起来就比较轻松。例如大树、鸭子、雨伞、帆船、手套、袜子等。而抽象材料既没有形象，也看不见摸不着，在没有掌握记忆方法的时候只能靠死记硬背，例如提示、适合、伟大、逻辑、亲自、超级、命运、荣誉、精神以及在学习过程中大量出现的文章思想、概念、法律条文、各种公式、定律等。

因此，在学习中，为了提升记忆的速度和效率，不管遇到的是形象材料还是抽象材料，在记忆的时候，都要进行转换。运用正确的转换法则，我们就能把占据记忆材料60%以上的抽象材料给大脑以一个直观、鲜明、稳定和整体的感知，大脑在接收到这些感知的时候就会迅速联想发散，引发人的情绪色彩，产生跳跃式的想象，形成形象思维，深深地印在脑海中。当你需要使用这些材料时，只需要回忆和想象，大脑就会自发地重现当时的表现。那到底该怎样转换呢？

28 形象材料的转换

下面是一些需要记忆的形象材料：

①老虎——洗衣机　　②骆驼——面包　　③雨伞——牛奶

④花生——武士　　　⑤孙悟空——鸭蛋　⑥铅笔——电话机

⑦宇航员——玫瑰　　⑧鹦鹉——药酒　　⑨红领巾——猫

⑩游泳池——秃鹫　　⑪气球——闹钟　　⑫司令——蝴蝶

⑬扇子——油漆　　　⑭二胡——鸳鸯　　⑮西瓜——棒球

⑯闹钟——方便面　　⑰米饭——漏斗　　⑱青蛙——牛奶

⑲教师——酒楼　　　⑳酒窝——巴士

一看见这么多毫无规律和逻辑关系可寻的20组材料，很多人头都已经大了。但是，只要启动我们的大脑，运用想象力和创造力，把这些材料的图像组合起来，记忆就变得非常简单了。

例如：①老虎——洗衣机。首先在脑海中把老虎和洗衣机这两种材料的形象或者画面呈现出来后，接着把两个画面组合在一起。我们可以联想到一只老虎背上扛着一台洗衣机；还可以联想到老虎用脚踩坏了一台洗衣机；也可以联想到一只老虎盘腿蹲在洗衣机上面；或者更加刺激一点，我们可以联想到一只老虎钻进了正在转动的洗衣机，结果撞得头破血流。越夸张，越生动，给大脑的冲击力就越强，我们记忆起来就越容易。

再举一个例子：⑥铅笔——电话机。一看见这组材料，你的大脑已经把这组材料中的两个个体图片呈现出来。我们现在开始组合，你可以想象你将一捆铅笔插在一个红色的电话机上；你也可以想象，自己用铅笔去敲打电话机的键盘；你还可以想象你用脚踩坏了很多的铅笔和电话机；你甚至可以想象用铅笔把电话机钉在桌子上。联想的方式越多，联想的画面越清晰越具体，我们记忆的效率就越好。

29 抽象材料需要转换

当把抽象的材料进行转换后，以前利用左脑死记硬背的模式就自动切换到右脑的创造模式了。我们的老祖先们是最擅长把抽象的材料进行转换以记忆的高手。古人在没有出现文字的时候，就是把各种事件用图像转换的方式来记忆和书写的，比如远古的岩画、商周青铜器上的铭文以及甲骨文字等。

现在请看看下面这四组材料：

第一组： ①时间　②自由　③利润　④格局　⑤伟大　⑥奖励　⑦克拉　⑧迷信

第二组： ①原理　②设计　③管理　④考核　⑤努力　⑥信任　⑦创造　⑧灵活

第三组： ①抽象　②发展　③方案　④矛盾　⑤机会　⑥载体　⑦材料　⑧奥秘

第四组： ①社会　②政策　③组合　④谈判　⑤运气　⑥成功　⑦锻炼　⑧指挥

上面这四组一共32项抽象材料，如果让你在10分钟内依照顺序完整地记忆下来，我相信很多人都办不到，因为它们都非常抽象。如果按照自己的理解、思考、推理、找规律和联系等方式来记忆的话，不但浪费时间，还容易造成记忆疲劳综合征。类似的抽象材料只需要启动右脑对抽象材料一一转换，记忆起来就丝毫不费力气了。

抽象材料的转换经过我多年的实践运用和教学研究，可以分为以4种，通过这4种方法，可以把抽象材料任意转换。

30 抽象材料转换 1 找代表物

当记忆资料是一个或者一组抽象材料的时候，我们就找一个或者一组能代表它的形象物品来进行记忆，在复述、回忆或者运用的时候只需要把实际的形象物品还原成原来的抽象材料即可。

例如第一组：①时间 ②自由 ③利润 ④格局 ⑤伟大 ⑥奖励 ⑦克拉 ⑧迷信。运用找代表物这个方法，我们可以为第一个抽象材料"时间"找到一些能代替它的形象物品，如闹钟、手表、沙漏、更夫、日晷、钟楼、手机、电脑、启明星、影子等。不同的人思维发散的程度不一样，所找的代表物也是不一样的，只要你觉得能代替要记忆的抽象资料就好。

同样，第二个"自由"我们也可以轻易找到代表物，如天空中飞翔的小鸟、海里游来游去的鱼、刚出监狱的囚犯，甚至你还可以想到美国的自由女神像等。

那第三个"利润"的代表物就可以是红包、金钱、压岁钱等。

怎么样？以上这三个抽象材料你都能在脑海中想象出实际的形象物品图像吗？请试着回忆一遍，越清晰越好。

下面的内容作为你的练习，找的代表物越多越好。

①格局 ②伟大 ③奖励 ④克拉 ⑤迷信

最后，我要特别强调一点，在找代表物的时候，千万不要找一个"抽象物体"来代表原来的"抽象材料"。比如，"格局"用"胸怀"来代表，"伟大"用"人物"来代表，以抽象代替抽象，显然达不到快速记忆的效果。

31 抽象材料转换2 运用谐音

这种方法就是利用汉字或者数字同音或近音的条件，用同音或近音文字来代替要记忆的材料。尤其是抽象的知识要点和长串的数据资料，运用巧妙、大胆、形象的谐音转换，越是新奇越能极大地调动自己的积极性并提升学习的兴趣。

如果我们要完整地记忆第二组抽象材料，就必须对所有的词语进行谐音转换。首先，我们对"原理"进行谐音转换，可以转换成圆圆的梨子"圆梨"，同样也可以转化成果园里面的"园里"，还可以转换成院子里面的"院里"，更夸张点的还可以转换成一个女演员的名字"袁立"，如果你身边正好有一个叫"袁丽"的人，只要你能想到她（他），也是个非常棒的转换了。

再看看第二个词"设计"，我们可以直接转换成江山社稷的"社稷"，还可以转换成打枪的动作"射击"，如果你童趣大发的话，也可以转换成拿着弹弓去射一只鸡——"射鸡"，你还可以转换成神话故事中的一个人物"蛇姬"。

第三个词"管理"直接可以谐音成贪官污吏的"官吏"，也可以谐音成道观里面"观里"等。要尽情地让你的大脑对这些抽象材料进行谐音转换，想得越多，证明你的思维越发散。

但是必须记住两个关键要点：

①不是所有的记忆材料都可以用谐音转换；

②运用谐音记忆了以后，在进行复习和回忆的时候一定要通过谐音还原成原来的材料。

现在，请你对下面的材料进行谐音转换练习，转换得越多越好。

①考核　　②努力　　③信任　　④创造　　⑤灵活

32 抽象材料转换3 字面展开

这种方法非常适用记忆力训练课程的初学者，只通过字面，不去管材料本身的真实意思，运用一些奇异、特别的想法，把没有生命的词语进行拟人化，或者直接通过字面把有关的人、事、物等串连到一起，让其扩展成生动的形象、奇异的场面或诙谐有趣的情节画面等。

我个人更喜欢把"字面展开"这种转换方法叫做"浪漫联想法"，每个人都可以按照自己喜欢的方式对要记忆的材料进行字面展开。这种充满浪漫主义色彩的思维发散不是胡思乱想，而是让思维结合材料海阔天空地扩展，但又不是漫无边际的，要符合"把不合乎思维情理的词转换为合乎思维情理的图像来记忆"这一法则。

前面所提到的第三组材料利用"字面展开"这一法则转换后记忆就容易多了。例如第一个材料"抽象"，通过字面的扩展就可以在脑海中得到这样一幅画面：一个人拿着鞭子在抽打大象。回忆的时候我们只需要在脑海中把这个画面提取出来，还原成"抽象"这两个字就好了，是不是非常简单？第二个词"发展"我们可以扩展成"一个人头发展开"的画面。第三个词"方案"可以扩展成"一个方形的案台"的画面。

这个方法不只能转换两个字组成的材料，三个字、四个字甚至更多的字组成的无论多么生疏难懂的词语材料，通过字面展开，都可转换成为你能记忆的材料。如三个字的词"柏拉图"，通过字面可以展开成"两个柏树中间拉着一幅图"的画面。如果是四个字的词，还可以将谐音结合在一起运用，如"南辕北辙"可以展开成"南边的猿猴到了北边就没有留下辙印"的情节。西湖十景中的"雷峰夕照"这个词我们可以展开成"雷锋在西湖洗澡"的场景，同样也可以展开成"雷锋在夕阳下照相"的场景。

好了，现在请你开动大脑，把下面的词语进行字面展开以记忆吧。

①矛盾 ②机会 ③广泛性 ④南辕北辙 ⑤阮墩环碧

33 抽象材料转换4 场景想象

利用右脑对于图片感知和快速反应的功能，把我们所要记忆的那些枯燥乏味的材料想象成可爱、生动、形象的场景，并在脑海中完美展现出来。让场景赋予每个要转换的材料以生命力，在不知不觉中就建立了场景与记忆材料之间的直接联系，在回忆或者运用的时候直接提取大脑里面的场景，就能快速还原回原来的材料。

这种转换方法不仅能增强想象力，还能提升大脑对各种场景的敏感性。前面提到的第四组材料，如果运用场景想象的方法进行转化过后，就能轻松自如地在自己想象的场景与记忆的资料中自由转换。例如第一个词语"社会"，我们就可以发散想象出"公园里面成群结队的人在欢快地跳舞"的场景，或者可以想象出"春运时，车站里面人山人海"的场景，你也可以想象出"步行街上人来人往"的场景，只要你觉得所想象的场景符合"社会"这个词就可以。

同样，第二个词"政策"我们可以想到"代表们在人民大会堂开会"的场景。对第三个词"组合"可以想到"某个歌唱团体在台上表演"的场景。由"谈判"想到"中国、日本、俄罗斯等国家和朝鲜参加六方会谈"的场景；由"运气"想到"中了500万大奖后"那兴奋的场景。

好了，请对下面的材料进行场景想象吧。

①冲洗　　②气质　　③青春期　　④获取　　⑤胸有成竹

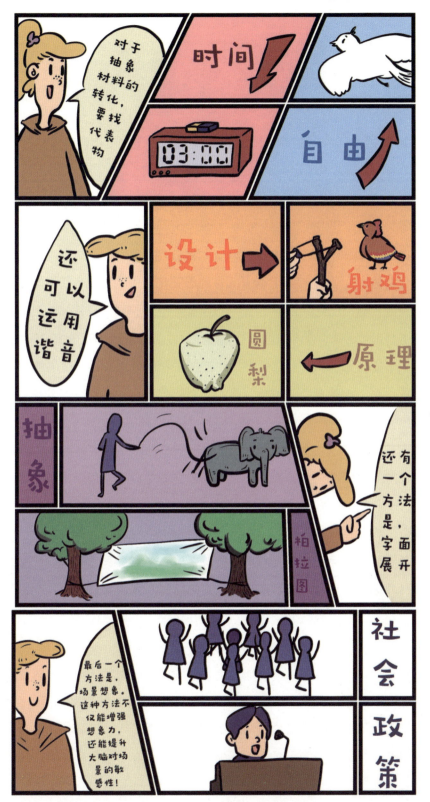

34 链式环扣记忆法

看看你能不能在5分钟以内按照顺序完整地记下来下面资料：

毛巾　纸飞机　椅子　猪八戒　电话　留声机　石榴

鞋子　耳机　白骨精　山洞　米老鼠　动物园　摩托车

书本　武士　卢沟桥　舅舅　香港　硫酸　百灵鸟

拖拉机　狮子狗　药酒　鸭蛋　洗衣机　闹钟　牛奶

我相信，大多数人用5分钟是无法完整记忆下来的，但是如果能够熟练地运用链式环扣记忆法，就变得非常轻松了，只需要1~2分钟就能把这上面28项资料记忆下来，甚至还能倒背和抽背，并保证100%的正确率。

顾名思义，链式环扣法就是指在记忆大量资料的时候，运用链条环环相扣的原理，人为地让互不相关联的资料一环扣一环紧密地联系在一起，打造出一条拥有生动画面感的记忆链条，从而达到提高记忆力的目的。

在打造这条记忆链条的过程当中，我们必须运用前面章节中所学到的联想思维，让资料之间有效地锁链在一起。如果需要立刻记住A、B、C、D、E、F、G、H、I、J、K这些资料或者事情的话，首先就要让A与B之间进行锁链，然后让B与C之间进行锁链，依此类推，直到J与K之间的锁链完成。

但在锁链的资料与资料之间，必须在保证记忆效果的前提下，尽可能少地运用某些让联结物产生歧义的联系词。需要使用资料时，只要想到第一项资料A，自然而然就会想到B，想到B就会想到C，想到C就会想到D……或者我们只要想到最后一项资料K，也会很自然地想到J，想到J就会想I……甚至还可以从中间任意抽取一项资料，向两边提取出记忆资料，例如想到D，我们就可以分别提取出C及C前面的资料和E及E后面的资料。

如果想熟练地运用这个记忆方法，并应用于工作、生活和学习当中的话，必须掌握链式环扣记忆法的三个关键步骤：左右脑切换、锁链联结、回想记忆。

运用链式环扣记忆法很容易就能记住无序的资料。链式记忆法就是,让A与B进行锁链,然后让B与C进行锁链,再要C与D进行锁链,以此类推。

35 形象材料的左右脑切换

在使用锁链环扣记忆法后，就可以让右脑的记忆能力充分发挥出来。我们利用右脑的创造能力，把要记忆的资料转换成具体的图像，图像的转换越清晰、越生动越好。

在进行文字与图像转换的时候，一定要运用前面所讲的形象资料和抽象资料的转换原则，这样就可以抛开左脑逻辑的干扰，让我们更加清晰地感知稳定而具体的图像，如果闭上眼睛，甚至可以在大脑中直接看到构思的图像。生动的形象，让资料与资料迅速找到联结点，而且还会累积出无穷多的感性形象，让联结点产生无穷多的创新性，更能给自己的思维带来无穷多的变化。对于一些人来说，目前还不是太习惯进行左右脑切换，只要坚持练习一段时间就好了。

我们要对前面28项要记忆的词语材料进行左右脑切换的话，面对"毛巾"这个词语，开启右脑，就可以在脑海中构思出红色、白色、黑色、黄色、紫色等各种颜色的毛巾，如果你闭着眼睛的话，你甚至可以体会到软软的毛巾带给自己温暖的感觉。同样，后面的材料也可以轻松地切换出画面来。

纸飞机：天空中飞着各式各样、各种颜色的纸飞机；

椅子：一把雕刻着九条龙的金黄色椅子；

猪八戒：一个挺着大肚子、扛着金耙、正在跟妖精恶战的猪八戒；

电话：一个屋子里面堆着红色的电话机；

留声机：一架很旧的发出吱吱呀呀声音的留声机；

石榴：一个又红又大的石榴；

鞋子：一双闪闪发光的水晶鞋；

耳机：一个人戴着黑色的耳机；

白骨精：一个阴森的山洞里，白骨精正在喝茶；

现在该你做练习了，请把后面的词语进行左右脑的切换。

36　形象材料的锁链联结

在锁链联结的步骤里面，唯一的要求就是，锁链的时候资料与资料之间联结的部分越是夸张夸大、越是反逻辑越好。图像越是清晰，锁链的时候才能做到一字不漏，顺序不乱，资料一项都不少，锁链联结的效果也就越好。不用去管锁链的时候是不是符合逻辑，是不是符合常识，是不是合理，只要能把相邻的两项资料有效地联结起来，方便我们记忆就可以了，记得住，我们的目的就达到了。如果在锁链的时候还要追寻逻辑和符合常识的话，你又回到了左脑记忆的思维里面，这样是永远学不会链式环扣法的。

如果要把第一个步骤里那28项经过左右脑切换过的词语锁链联结起来的话，这样做就可以了。

毛巾 — 纸飞机：用一条红色的毛巾绑着一个五颜六色的纸飞机；

纸飞机 — 椅子：纸飞机从天上掉下来把椅子砸了个洞；

椅子 — 猪八戒：一把黄色的椅子上坐着肥胖的猪八戒；

猪八戒 — 电话：猪八戒一手抓着金钯，一手拿着红色的电话机；

电话 — 留声机：红色的电话机把留声机给砸坏了；

留声机 — 石榴：留声机上长着一颗挂着很多石榴的石榴树；

石榴 — 鞋子：把红彤彤的石榴装在鞋子里面；

鞋子 — 耳机：鞋子上挂着很多副正在播放音乐的耳机；

耳机 — 白骨精：耳机被满身妖气的白骨精缠在腰上做装饰品；

白骨精 — 山洞：白骨精正在吆喝着一群小妖怪修造一座山洞；

山洞 — 米老鼠：冒着烟雾的山洞里面走出来一群群米老鼠；

米老鼠 — 动物园：一群群唱着歌的米老鼠在动物园里面表演节目；

动物园 — 摩托车：动物园里的动物们在欢快地骑着摩托车；

摩托车 — 书本：一辆崭新的摩托车在马路上压坏了很多崭新的书本。

很快我们就完成了14组材料的锁链，现在，由你完成剩下的锁链联结。

37 形象材料的回想记忆

　　锁链联结完成后，为了记得更牢固、更加清晰准确，必须对所有锁链的资料从头到尾按照第二个步骤里面联结的图像在大脑里回想一遍，千万不要在回想记忆的时候又把资料再按照另外的图像锁链联结一遍，这样不仅会浪费时间，还会造成顺序的混乱。如果在回想的时候，有些地方回想不起来了，就试着将那些回忆不起来的图像刻画得更加清晰具体和稳定些。当所有的联结都能回想得非常完整，转换成原来的资料，只需要还原就可以了。现在就请你开始对已经完成的28组材料进行回想记忆吧。

　　回想完成后，就来检验一下你的记忆效果吧，请在下面的横线上从头到尾按顺序写下28组材料。

① _____　② _____　③ _____　④ _____

⑤ _____　⑥ _____　⑦ _____　⑧ _____

⑨ _____　⑩ _____　⑪ _____　⑫ _____

⑬ _____　⑭ _____　⑮ _____　⑯ _____

⑰ _____　⑱ _____　⑲ _____　⑳ _____

㉑ _____　㉒ _____　㉓ _____　㉔ _____

㉕ _____　㉖ _____　㉗ _____　㉘ _____

　　对照一下前面的材料，看看你是不是全部写对了，如果你对某项材料有所遗忘，请分析一下原因，找出原因，避免在后面的练习中出现类似的问题。

38 抽象材料的左右脑切换

　　前面我们做了28组形象材料的锁链联结，现在我们对抽象材料进行锁链联结。抽象材料的锁链联结比形象材料的锁链联结要复杂一点，原因就在于我们要运用抽象材料的转换原则把抽象材料转换成具体生动的形象，而抽象材料的转换则需要花更多的时间去练习。现在为了让学习效果更加明显，我们示范如何使用链式环扣记忆法记忆以下抽象材料。

①深闺疑云

转换方式：字面展开和谐音相结合。

转换的具体图片是：一大群深色的乌龟（闺）在怀疑天上的云朵。

② 南辕北辙

转换方式：字面展开和谐音相结合。

转换的具体图片是：南京的猿（辕）猴到了北京没有留下辙痕。

③春华秋实

转换方式：字面展开和谐音相结合。

转换的具体图片是：春天到了，树上的花（华）开了，到了秋天结满果实。

④伟大

转换方式：找代表物。

找的代表人物是：爱迪生。

⑤ 主动

转化方式是：谐音和字面展开相结合。

转换的具体图片是：一群野猪（主）钻进了洞（动）里。

⑥ 欲海惊魂

转化方式：谐音和字面展开相结合。

转换的图片是：一条鲨鱼（欲）在海里受到了惊吓，吓得魂飞魄散。

⑦ 创造

转化方式：谐音。

转换的图片是：床罩（创造）。

⑧ 信任

转换方式：谐音。

转化的图片是：桌子上堆着一大堆杏仁（信任）。

39 抽象材料的锁链联结

深闺疑云 — 南辕北辙：动物园里有一大群深色的乌龟（闺）在怀疑天上的云朵，一群来自南京的猿（辕）猴悄悄跑到了北京，一点儿也没有留下辙痕。

南辕北辙 — 春华秋实：南京的猿（辕）猴到了北京没有留下辙痕，原来它们是等春天到了以后，把树上开的花和秋天结满的果实全部摘掉。

春华秋实 — 伟大：春天到了，树上的花（华）开了，到了秋天结满果实，爱迪生（伟大）看见了很高兴。

伟大 — 主动：爱迪生（伟大）赶着一群野猪（主）钻进了洞（动）里。

主动 — 欲海惊魂：一群野猪（主）钻进了洞（动）里发出恐怖的叫声，让一条鲨鱼（欲）在海里受到了惊吓，吓得魂飞魄散。

欲海惊魂 — 创造：一条鲨鱼（欲）在海里受到了惊吓，吓得魂飞魄散头上还裹着一条床罩（创造）。

创造 — 信任：床罩（创造）里面包着大堆杏仁（信任）。

完成后，请把记忆的材料写在下面的横线上，位置序不许错。

①_____ ②_____ ③_____ ④_____

⑤_____ ⑥_____ ⑦_____ ⑧_____

你全部都对了吗？在自己独立完成的第一次练习中，我们欢迎你犯错误，只有这样，你才会更加用心地学习，你提升的空间才越大，每一次的错误都会成为你提升记忆力的动力。

40 链式环扣记忆法综合练习

现在请你用链式环扣法记忆下面的资料，并默写下来。

①豆腐　　②监狱　　③厨师　　④毛驴　　⑤打印机

⑥爷爷　　⑦天鹅湖　　⑧薯片　　⑨桃树　　⑩铅笔

⑪蛋糕　　⑫拖把　　⑬面包车　　⑭歌剧　　⑮公园

⑯水龙头　⑰荷花　　⑱贝壳　　⑲变压器　⑳电报

①＿＿＿＿　②＿＿＿＿　③＿＿＿＿　④＿＿＿＿

⑤＿＿＿＿　⑥＿＿＿＿　⑦＿＿＿＿　⑧＿＿＿＿

⑨＿＿＿＿　⑩＿＿＿＿　⑪＿＿＿＿　⑫＿＿＿＿

⑬＿＿＿＿　⑭＿＿＿＿　⑮＿＿＿＿　⑰＿＿＿＿

⑰＿＿＿＿　⑱＿＿＿＿　⑲＿＿＿＿　⑳＿＿＿＿

下面是给出的参考答案，对比一下，看看跟你的锁链联结有什么不一样。

　　洁白的豆腐堆满了监狱，监狱里面有很多的厨师正在炒菜，厨师杀死了很多头毛驴，毛驴用脚踩坏了很多台打印机，打印机上刻着爷爷的名字，爷爷在天鹅湖洗澡，天鹅湖里蹦出许多薯片，薯片挂在桃树上，桃树的树枝做成了铅笔，把铅笔当成蜡烛插在蛋糕上，蛋糕涂满了拖把，拖把把面包车砸坏了，在面包车里唱歌剧，一边唱歌剧一边在游颐和园公园，公园里的水龙头坏了，水龙头旁边的池塘里面开满了荷花，荷花里面藏着许多从海边捡回来的贝壳，贝壳把变压器压坏了，变压器掉下来砸坏了电报机。

41 链式串联记忆法

在前面的学习中，我们把记忆材料经过转换后利用链式环扣法环环相扣的特点来达成记忆，但在锁链的过程中有些人会不适应这种方法，在我的教学生涯中甚至遇到有人很抗拒用这种方法。很多人会想，有没有其他的方法直接把这些材料联结起来呢？答案是肯定的，而且采用这种方法来记忆资料的话，你将会发现它更方便，效果更惊人，这种方法叫做链式串联记忆法，它其实就是链式环扣记忆法的升级版。链式串联法就是直接把要记忆的材料串联成一个整体故事或者影像场景，故此，链式串联法也被有些人称为虚构故事法或影像记忆法。虚构的这个故事或者影像场景越是离奇、诙谐、幽默，越是容易记忆牢固，就算是抽象资料也不用担心记不住，只需要虚构出的故事或者影像场景能把所有的资料都按照顺序串联起来。

在每年的中考历史政治冲刺班上，大部分同学运用链式串联法以后，都非常兴奋，因为能把以前觉得很难记忆的考试重点轻松完成记忆，并且像看电影一样轻松。记住之后你一个星期甚至半个月不去复习，这个影像画面一样在脑海中久久回荡，为什么会这样呢？那就得从链式串联记忆法的三个关键技巧（五感并用、组成故事、复述还原）说起。

42　五觉感官调动训练

人天生就具备超强的记忆渠道——五大感官，也就是视觉、听觉、嗅觉、味觉和触觉。只要调动五大感官共同记忆资料，实现长期记忆都是非常容易的事情，但遗憾的是，很多人根本不了解这点。

在链式串联法中，我们必须充分调动五大感官，把共同接收到的信息组合在一起，形成一个有效的整体，有些时候，要让大脑对记忆的资料产生深刻的印象，必须对记忆的材料进行一系列转换，比如字面展开、谐音等。如果你不知道如何充分地把五觉感官调动起来，就来进行这方面的训练吧。

请你闭上眼睛深呼吸，让自己先平静下来，接着开始想象：自己正置身大海边金色的沙滩上，席地而坐，眼前是一片蔚蓝色的大海，一群穿着比基尼的女郎在海滩上追逐嬉戏。海浪轻柔地拍打着金黄色的沙滩，蓝蓝的天空中白云朵朵。你从随身携带的红色旅行袋里拿出一个柠檬，这柠檬金黄色，捏起来硬硬的。你从口袋里拿出一把锋利的小刀，在柠檬上切下深深的一道，用力捏了捏柠檬，汁液从切口中流出，使劲将它掰成两半，将其中一半柠檬拿到鼻子面前，闻一闻柠檬的香味，汁液流在你的手上，滴在你的腿上，现在，请张开嘴，咬一口这个柠檬。

通过这段话，我们的五觉感官就被调动起来了，尤其是到最后"请张开嘴，咬一口这个柠檬"这句话的时候，我相信很多人的唾液就不断地分泌出来，而且还感受到了柠檬那酸酸的味道，这就是你调动了感官的结果。在应用链式串联法的时候调动的感官越多，就越容易找到学习的最佳状态，在记忆资料的时候，速度就会越快，记忆的牢固度就越高，就越能体会到学习的乐趣。

43 链式串联记忆技巧1 五感并用

请你在不采用链式环扣法的情况下，用2分钟按顺序记住中国古代史的各个阶段：原始社会、夏、商、西周、春秋、战国、秦、汉、三国、两晋、南北朝、隋、唐、五代十国、辽、北宋、金、南宋、元、明、清。

采用链式串联法，调动我们的五大感官后，这些枯燥的资料就变得非常有吸引力了。

原始社会：想到一群扛着石斧、披着兽皮的原始人，日出而作，日落而息，晚上睡在山洞里面，洞口熊熊燃烧着一堆火，远处还传来一阵又一阵野兽的叫声。

夏：夏天。想到炎炎夏日，太阳火辣辣地照着大地，树上的知了不知疲倦地鸣叫。

商：商人。想到一群赶着骆驼行走的商人，骆驼的铃铛发出清脆的铃声。

西周：谐音成稀粥。想到集市上很多人争抢一碗热气腾腾的稀粥。

春秋：从春天到秋天。想到树枝上的花开了，到了秋天树枝上结满了果实。

战国：一个国家的名称。想到战国时期，群雄争霸。

秦、汉：人名秦汉。想到一个长得英俊潇洒、风度翩翩的台湾演员。

三国：谐音成三口锅。想到自己家门口摆放着三口黑漆漆的大铁锅。

两晋：谐音成两斤。想到铁做的锅只有两斤重。

南北朝：地名。想到一个地点的名字就叫南北朝。

隋、唐：隋谐音成随，唐谐音成糖。想到一个人随身的衣服口袋里面装满了糖果。

五代十国：想到五个口袋十口锅随意地丢在地上。

辽：谐音成聊。想到一大群人坐在一起拉家常。

北宋：谐音成白送。想到一个人把东西白白地送给人家，一分钱也不要。

金：想到一大堆金光灿灿的黄金堆在自己的家里。

南宋：谐音成难送。想到把自己家里最值钱的东西送给人家，送了几次都没有人接受。

元、明、清：想象一个穿着官袍的人，原（元）来是明朝的清官。

44 链式串联记忆技巧2 组成故事

　　绝大多数人只要听完别人讲的故事后都能轻易地记住，这是因为故事有情节有意义并且有趣，让人对不能直接接触到的东西产生好奇和向往，这种好奇和向往能对我们的大脑产生刺激，从而形成一个牢固的信息点，只要有外界的信息引导，这个信息点就能在大脑里呈现出清晰的图像情景，并让人用语言和肢体动作表达出来。只要能把中国古代的各个阶段虚构成一个诙谐、幽默、令人印象深刻的故事，就一定能刺激大脑，达到过目不忘的效果。这个故事可以这样开始：

　　我们出生在"原始社会"的"夏"天，看到一群"商"人在吃"稀粥"（西周），从"春"天一直吃到"秋"天，最后受不了了就逃跑到了"战国"，遇到了一个叫"秦、汉"的人，他背着"三口锅"（三国），一共有"两斤"（两晋）重，他背着三口锅到了"南北朝"这个地方，"随"（隋）身还带了许多"糖"（唐），这些糖用"五个口袋十口锅"（五代十国）装着，他很喜欢跟人家"聊"（辽）天，聊得很高兴的时候，就把糖"白送"（北宋）给别人，但人家不要白送的，要用"金"子来交换，他就感叹这个糖怎么这么"难送"（南宋）出去，最后一打听，"原"（元）来人家是"明"朝的"清"官。

　　怎么样，跟前面的链式环扣法不一样吧？这个故事的情节非常连贯，而且非常生动有趣，让你可以轻易地把这一连串的画面存储进大脑。现在请合上书本，把这个影像从头到尾回想一遍，就像身临其境一样。

45 链式串联记忆技巧3 复述还原

为了达成长期记忆，最好是在组成故事后要多复述几遍，尤其是遇到比较生疏的资料时，复述几遍是相当必要的。只有把重点资料记准确了，记牢固了，在以后要使用的时候才能清晰地从大脑里面提取出来。由于在组成故事的过程当中，运用了词语的转换原则，因此，必须将转换部分的资料还原成原来的信息。有太多的人没有运用"还原"这个技巧，导致在运用的时候闹出一些令自己尴尬的场面。

比如，用链式串联法记忆细胞内包含的18种主要元素，我们调动感官，这18种元素的记忆变得轻松好玩多了。组成的故事是这样的：我开办了一家叫"细胞"的工厂，这个厂主要生产氢"弹"（氮）。我们厂的技术人员统一代号为"606"（硫、磷、氯），他们手"拿"（钠）"铁""盖"（钙），骑"假羊"（钾、氧），被传为"美谈"（镁、碳）。他们常吃的食物是"铜""点""心"（碘、锌），吃完点心后就"背""古""诗"（钡、钴、锶）。

掌握了链式串联法的三个技巧后，我们现在用链式串联法来完整记忆鲁迅先生的作品集《呐喊》里的14篇作品名称："阿Q正传""狂人日记""故乡""端午节""社戏""头发的故事""风波""一件小事""药""明天""白光""孔乙己""兔和猫""鸭的悲剧"。

故事完成后，不要急着写答案，先闭上眼睛，复述一遍，确认无误后，把答案按照顺序写出来。

参考答案：我有一个兄弟叫阿Q，正坐在传送带上（阿Q正传），他是个狂人，每天都要写日记（狂人日记），前几天回到故乡过端午节，晚上去看社戏，看戏的时候讲了一个关于头发的故事，闹出了一场风波，虽然大家都认为这是一件小事。但他却气得回家吃药，一觉睡到明天。刚从被窝爬起来，眼前闪现一道刺眼的白光，仔细一看，原来是孔乙己牵来的兔和猫咬死了很多只鸭子，唉，今天真是鸭的悲剧日。

46 链式记忆关键技巧：我自己

　　当熟练掌握了链式记忆的两大方法，就必须把它们用起来，否则，你就永远只处于我前面所说的"知道"，而不是"得到"。在使用链式记忆的时候，还有一个最关键的技巧，这也是很多人采用了链式记忆法记忆了许多资料后，还是会快速遗忘的原因。这个技巧就是我们在采用链式记忆的时候一定要使用"我自己"这个场景，而不是"我"的第一人称。只有使用"我自己"才会让自己感受到的故事更加真实。

　　想想看，你正躺在自己开满鲜花的别墅后花园里，你会看到什么？微风轻轻吹过，你会闻到什么？暖暖的阳光照在你身上，你是否感到通体舒畅？一群采满花粉的蜜蜂从你眼看飞过，你会有怎么样的动作？你自己想象得越鲜活，这些信息就会越牢固地存储在你的脑海。

　　在链式记忆中，要使用"我自己"的场景，还有一个原因，就是当你真正地把自己植入故事时，就会对本来虚拟的故事充满情感。很多催眠师和心理咨询师在对客户进行催眠的时候，都采用让客户充分植入"我自己"的场景，让客户完全听从自己所讲的一切语音信息，进而把客户带入一个充满情感的熟悉故事里面，让客户觉得这个场景就是自己的真实体验。在链式记忆时，如果你能把"假装""好像""假设""如果是"等这些隔离自己情感的词语去掉的话，大脑在记忆的时候才会真正地感受到真实。

　　掌握了这个关键技巧后，我们采用链式记忆法记忆文字资料的时候，不管是用链式环扣法还是链式串联法，都可以轻松自如，甚至还可以在环扣和串联之间自由转换。

　　明白了这些，就开始对各种文字资料进行链式记忆吧。完成记忆以后，对照一下参考答案，也许会给你带来更多的启示。

47 文字资料第 1 类 知识点记忆

文字资料：

《山坡羊》张养浩

《风景谈》散文

李白号青莲

芬兰首都赫尔辛基

坦桑尼亚首都达累斯萨拉姆

《西厢记》的作者是元代杂剧作家王实甫

我国最早的农书是《齐民要术》

参考答案：

《山坡羊》张养浩：山坡上有很多只羊，是一个叫张养浩的人养的。

链式联想：想象你家门口有一个很大的山坡，山坡上放养着很多只羊，是老邻居张养浩养的。

《风景谈》散文：一边欣赏风景，一边谈论散文。

链式联想：你跟一大群同学在风景优美的景点，一边欣赏风景一边谈论着茅盾的散文作品。

李白号青莲：李白喜好（号）青色的莲花。

链式联想：李白没有什么爱好，他只喜好那池塘里面一朵朵盛开的青色莲花。

芬兰首都赫尔辛基：在散发着芬芳的兰花里面，放着你和儿（赫尔）

子买的新机（辛基）器人。

链式联想：你家的花园里面盛开着一盆盆散发着芬芳的兰花，在其中一盆兰花里面放着你和儿子买的新机器人，儿子找不到了，急得哇哇大哭。

坦桑尼亚首都达累斯萨拉姆：砍伤你呀（坦桑尼亚）就逃到首都去打擂（达累），打擂的时候厮杀（斯萨）了拉姆这个人。

链式联想：有一群凶神恶煞的二流子在你们家抢东西，东西没有抢走，却砍伤了你，你的家人报警了，他们却逃跑了，逃到了一个国家的首都，为了生活，他们去打擂，在打擂的时候还很残忍地厮杀了一个叫拉姆的人。

《西厢记》作者是元代杂剧作家王实甫：西厢房里面有只鸡（记），坐着（作者）圆圆的袋子（元代），这个袋子是杂剧作家王师傅（王实甫）家的。

链式联想：你们家里面有许多间房屋，其中西厢房里面养了一只又肥又大的鸡，它坐着一个圆圆的袋子上，这个袋子是杂剧作家王师傅从家里面悄悄拿来的。

我国最早的农书是《齐民要术》：我国最早的农书是七（齐）个农民要学习技术。

链式联想：我国写得最早的一本关于农业记录方面的书籍，是因为有七个农民要学习技术，技术学会了以后，就写了这本书。

48 文字资料第 2 类 成串资料记忆

文字资料：

①商业法包括：公司法、合伙企业法、个人独资法、外商投资法、企业破产法、票据法、金融法、税法、保险法、海商法。

②电影作品：《黄土地》《红高粱》《菊豆》《大红灯笼高高挂》《活着》《有话好好说》《秋菊打官司》《一个都不能少》《我的父亲母亲》

参考答案：

①我想从事商业活动，就必须去工商部门成立一家公司，然后再找一个合伙人一起来经营这个企业，找了很久都没有找到，没有办法就只好先一个人独立投资了，后来一个外商来投资了这个企业，但是经营不善，企业破产了，我就拿着票据去金融机构办理税务，还要去给员工买保险，由于我们有外商来投资，所以必须去海外把那个商人找回来才能办理完这些事情。

要注意的一点是：为了减轻记忆的负担，先去掉这项资料里面有一个共同的字"法"，把剩余的资料链式记忆，等还原的时候每项资料都加上"法"字就好。

②我的父亲母亲在光秃秃的黄土地上种植了满山遍野的红高粱和菊豆，为了庆祝今年的好收成，我们就把大红灯笼高高挂着，父亲感叹地说："活着真好，任何时候都要有话好好说，不能跟秋菊打官司，快过年了，我们家的人一个都不能少。"

49 文字资料第 3 类 随机资料

在采用链式记忆随机资料最难的一点就是随机资料的形式多种多样，有可能是词语，有可能是句子，甚至有可能是文章段落以及一些非常专业的概念等，这就要求我们必须熟练掌握并运用抽象词语转换四大原则，还要快速调动五觉感官，以获取让自己感觉适合的图片化思维，再采取锁链或者串联快速进行关联组合，并能顺利完成回忆和复习。

在起始阶段，我们可以放慢记忆的速度，但复习的时候，每项资料都要清晰地再现你所创立的联想，并保持100%的正确率。这样随着练习次数的增多，慢慢地你就会对外来随机资料的图片创造敏感度越来越强，记忆的速度自然而然就提升起来了。现在，请开始实践吧。

①周作人、散文、追求知识、哲理、趣味、统一、风格、冲淡、平和、代表作、《乌篷船》。

②代表作、曹禺、《原野》、现代著名剧作家、《雷雨》、《日出》、话剧、《北京人》。

③韩愈、重要的文学家、朴实、散文、"唐宋八大家之首"、著名的散文、《师说》、《马说》、《原毁》、中唐时期。

④唐明皇与杨贵妃、清代、昆曲艺术、代表作品、洪升、《长生殿》、爱情故事。

参考答案：

①有一个人带着表和桌子（代表作）坐在乌篷船上写充满趣味的散文，这里（哲理）风吹动着鸽子（风格）把坠落的气球（追求）统一做成了一盘芝士（知识），还给周作人送上了一包可以冲淡了喝的苹果核（平和）牌饮料。

②曹禺是一位现代著名剧作家，是《北京人》，他喜欢带着表和桌子（代表作）去看一些话剧，还喜欢在下《雷雨》的时候站在《原野》上看

《日出》。

③韩愈扑在石头（朴实）上写散文，经过努力成为中唐时期重要的文学家，被称为"唐宋八大家之首"，他著名的散文里面写着一匹马对着老师说（马说、师说）："原来是你把我给毁了（原毁）。"

④清代的洪升在长生殿上写唐明皇与杨贵妃的爱情故事，最后却写成了昆曲艺术的代表作品。

50 古文古诗精确记忆

很多同学遇到记忆古诗词总是犯怵，不知道该怎么记忆，最后好不容易像念经一样死记硬背好了，可不到三天，全部又忘了。运用链式记忆我们可以把古文古诗词进行再现形象，先辈留下的好的古文古诗词都有生动鲜明的形象，调动我们的五觉感官，在头脑中再现古文古诗词的意境和画面，或者将它幻化成一幅形象鲜明、生动活泼的画面，同时利用谐音转换把看似生僻拗口的古文古诗词内容和画面融合在一起。在复习和运用的时候，只需要把幻化过的场景画面还原成古文古诗词原文就可以了。

例如：请将《江城子·密州出猎》（宋·苏轼）用5分钟时间完成记忆。

老夫聊发少年狂，左牵黄，右擎苍。锦帽貂裘，千骑卷平冈。为报倾城随太守，亲射虎，看孙郎。酒酣胸胆尚开张，鬓微霜，又何妨，持节云中，何日遣冯唐？会挽雕弓如满月，西北望，射天狼。

我的幻化：江城子这个人刚到密州就出去打猎，送（宋）走苏轼后，看见一对老夫妇撂（聊）着头发像少年一样张狂，左手牵着黄狗，右手擒（擎）拿着苍鹰。戴着锦缎做的帽子，穿着貂裘，带着一千骑马卷起尘土跑过平的土岗，为了报答倾城这个人，就追随太守，亲自射了一只老虎，还看望自己的孙子和儿郎。一个喝酒的汉（酣）子卖的熊胆（胸胆）还尚未开张，鬓角就微微有了白色的霜，有何方（又何妨）知道？劫持自己的姐姐（节）飞到云中间，不知何日才被遣送回冯唐这个地方？开会的时候挽起射雕的弓箭如天上的满月一样，朝着西北望去，射下了天上的那只狼。

数字记忆法

51 数字图码记忆需转换

　　和文字资料的记忆相比较起来，数字资料的记忆要难得多，没有明显的逻辑性和规律性，很难找到明显的联系，尤其是有些数据资料之间还有很大的相似性，更让我们在记忆的时候非常容易混淆。

　　我有一个学员去应聘的时候，人事总监给她出了一道对很多人来说看似不可能完成的任务——需要她在7天之内把商场里将近2万种商品的价格标签全部记下来。第一天，她背了1000多条，可第二天早上起来一复习，忘记了一大半。如果照此下去的话，商场肯定不会录取她。她在第二天的下午通过一个朋友找到了我，希望我协助她完成这个"艰巨"的任务。在5天的时间里，经过我的训练，她真的把这将近两万种商品的价格标签完整地记忆下来，她的家人看到这个效果惊叹不已。

　　她是怎么做到的呢？答案只有一个，那就是我们对这些数字资料进行恰当的转化后，才进行记忆的。转化分为两种，一种是转化成生活中随处都看得见、摸得着的形象，比如把数字转化成"月饼""钥匙""望远镜""巴士"等事物的图像，这种转化叫做数字图码记忆。另一种是把数据资料直接谐音转化，这种方法广泛运用在一些历史年代等短数据资料上，效果非常不错。

　　采用数字图码记忆的时候，必须对从0~100这111组数字进行图码转换，然后用最短的时间把每一组数字转换后的图像牢牢存储在大脑里。最基本的要求就是遇到一组数字，你能在3秒钟之内反应出它的图码。

　　那如何才能用最短的时间记住这些数字图码呢？现在就请你跟着我一起来掌握设立数字图码的四个关键法则，只要你掌握这四个关键法则，反复回顾几遍，你也可以在数字与设立的图码之间轻松转换了。

52 设立数字图码的 4 个关键法则

第1个法则 外形看一看

一些数字组合跟生活中的一些实物在外形上非常相似。通过想象，把这些数字组合直接转换成我们经常接触的实物，这些实物的图像就成了记忆数字的图码。比如，看到数字"4"就联想到"帆船"，看到数字"11"联想到吃饭的"筷子"。从数字的外形联想到实物没有标准答案，只要你觉得数字组合跟生活中的实物外形相似就可以。

第2个法则 读音谐一谐

总有一些数字的组合让我们根据它原有的读音通过人类大脑智力的延展，可以轻易转换成一种相似的发音。这种发音恰恰是我们所常见事物本来的名称，只要看到这种具体的事物或者听到它们的名称，我们就能快速调取出这组数字资料。比如，"19"谐音成"药酒"，"28"谐音成"恶霸"，还有更多的数字组合可以转换，但谐音转化的精髓是转化的图码要得当，千万不要滥用。

第3个法则 节日找一找

在数据图码运用的过程中，可以轻易地找出一些数字组合，借由联想和一些节日联系起来，这些数字组合经由节日场景的视觉或者声音冲击就自然而然成为我们长期的记忆。比如，数字"77"我们就会想到牛郎织女鹊桥相会的日子，也可以想到七七卢沟桥事变。

第4个法则 字面想一想

富有创造精神的人，会利用每个抽象的资料或者概念，积极寻求有趣的联想，作为发现新事物或者新形象的跳板，通过字面塑造出独特具体的形象。在进行数字资料记忆的时候我们就需要数据组合创造、发掘、加工出有关的物品、动作、韵律、情感等图码，以此作为识记和回忆它的线索。比如，看到数字"12"就想到"闹钟、手表"，因为它们都有12个时间刻度；数字"46"就会想到"骆驼"，通过"46"的字面我们联想到古代"丝路"的交通工具是"骆驼"。

53　数字图码（1-25）

现在，就让我们开启创造性思维吧，根据上节介绍的4个法则，轻松设定从0~100这111个数字图码：

1 → 木棒，外形看一看，数字1的形状和木棒相似。

2 → 鸭子，外形看一看，数字2跟鸭子的外形相似。

3 → 伞 ，读音谐一谐，数字3的谐音就是伞的发音。

4 → 帆船，外形看一看，数字4跟帆船的外形相似。

5 → 手掌，字面想一想，手掌上有5个手指头。

6 → 口哨，外形看一看，数字6跟口哨的外形相似。

7 → 锄头，外形看一看，数字7跟农民伯伯使用的锄头外形相似。

8 → 葫芦，外形看一看，数字8跟葫芦的外形相似。

9 → 猫，字面想一想，我们常说猫命大，有9条命。

10 → 棒球，外形看一看，数字1就像是一个球杆，0就像球，组合起来就是棒球。

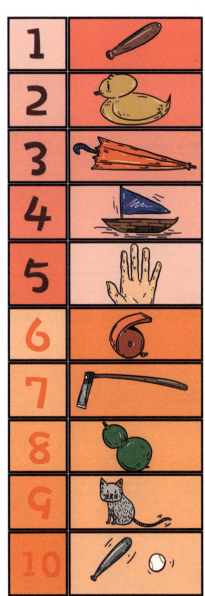

11 → 筷子，外形看一看，数字11跟吃饭用的一双筷子相似。

12 → 闹钟，字面想一想，由数字12就想到钟表的12个刻度。

13 → 假山，读音谐一谐，数字13的读音就像石山的发音，石头做的山就是假山。

14 → 钥匙，读音谐一谐，数字14的发音可以谐音成开门关门用的钥匙。

15 → 月饼，节日找一找，由数字15就想到中国的传统节日中秋节——八月十五。

16 → 石榴，读音谐一谐，数字16就谐音成水果石榴的发音。

17 → 仪器，读音谐一谐，数字17就谐音成仪器，比如，显微镜就是一种仪器。

18 → 罗汉，字面想一想，由数字18就想到佛教里面的十八罗汉。

19 → 药酒，读音谐一谐，数字19就谐音成药酒的发音。

20 → 鸭蛋，外形看一看，数字2是鸭子，鸭子下了个蛋0，当然就是鸭蛋了。

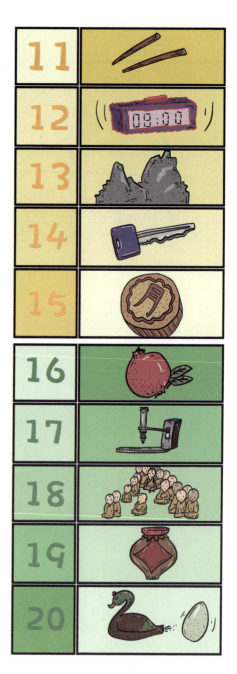

54 数字图码（21–40）

21 → 鳄鱼，读音谐一谐，数字21就谐音成鳄鱼的发音。

22 → 鸳鸯，外形看一看，数字22跟成双成对出现的鸳鸯相似。

23 → 乔丹，字面想一想，由数字23就想到乔丹的球衣号码是永远的23号。

24 → 粮食，读音谐一谐，数字24就谐音成粮食的发音。

25 → 二胡，读音谐一谐，数字25就谐音成一种乐器二胡。

26 → 溜冰鞋，字面想一想，由数字26就想到两只脚在溜冰，就需要穿溜冰鞋。

27 → 耳机，读音谐一谐，数字27直接谐音成耳机发音。

28 → 恶霸，读音谐一谐，数字28直接谐音成恶霸的发音。

29 → 瘦子，字面想一想，由数字29可以想到饿久就成了瘦子。

30 → 山洞，读音谐一谐，数字30可以谐音成山洞的发音。

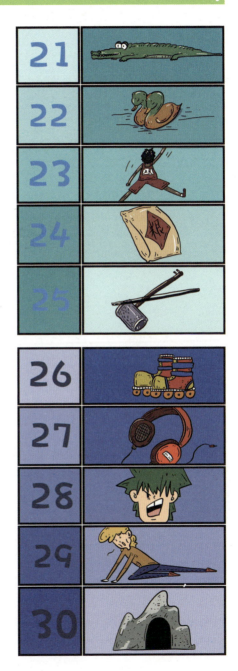

31 → 山妖，读音谐一谐，数字31谐音成山妖的发音，山妖的代表就想到白骨精。

32 → 扇儿，读音谐一谐，数字32直接谐音成扇儿的发音。

33 → 蝴蝶，外形看一看，把数字33两个3背对着背来写，就是一只蝴蝶的外形。

34 → 狮子，读音谐一谐，数字34谐音成山狮，山上的狮子。

35 → 香烟，字面想一想，由数字35想到35牌香烟。

36 → 奶粉，字面想一想，由数字36想到了三鹿奶粉事件。

37 → 山鸡，读音谐一谐，数字37谐音成森林里面的山鸡。

38 → 妇女，节日找一找，由数字38就想到三月八日是妇女节。

39 → 药片，字面想一想，数字39通过字面就想到999牌感冒药。

40 → 司令，读音谐一谐，数字40直接谐音成司令的发音。

55　数字图码（41–60）

41 → 司仪，读音谐一谐，数字41直接谐音成司仪的发音。

42 → 柿儿，读音谐一谐，数字42直接谐音成柿儿的发音。

43 → 雪山，字面想一想，数字43听起来像湿山，雪山永远都是湿的山。

44 → 圣诞树，外形看一看，把数字44两个4背对着背写出来，就像一棵圣诞树。

45 → 师傅，读音谐一谐，数字45直接谐音成师傅的发音。

46 → 骆驼，字面想一想，数字46通过字面想到丝绸之路，丝绸之路上用骆驼运输。

47 → 司机，读音谐一谐，数字47直接谐音成开车的司机。

48 → 丝瓜，读音谐一谐，数字48直接谐音成吃的蔬菜丝瓜。

49 → 狮子狗，读音谐一谐，数字49直接谐音成狮子狗。

50 → 李小龙，读音谐一谐，数字50就谐音成武林，李小龙是个武林高手。

51 → 工人，节日找一找，数字51是国际劳动节，工人的节日。

52 → 木耳，读音谐一谐，数字52直接谐音成木耳的发音。

53 → 武术衫，读音谐一谐，数字53谐音成武衫，练武穿的衬衫就是武术衫。

54 → 武士，读音谐一谐，数字54直接谐音成武士的发音。

55 → 钩子，外形看一看，数字55像挂东西用的钩子。

56 → 母鹿，读音谐一谐，数字56直接谐音成母鹿。

57 → 枪，字面想一想，数字57通过谐音可以想到武器，武器的代表就是枪。

58 → 尾巴，读音谐一谐，数字58直接谐音成尾巴的发音。

59 → 兀鹫，读音谐一谐，数字59直接谐音成一种猛禽兀鹫。

60 → 柳林，读音谐一谐，数字60直接谐音成柳林。

56 数字图码（61–80）

61 → 儿童，节日找一找，由数字61可以想到儿童节。

62 → 牛儿，读音谐一谐，数字62直接谐音成牛儿的发音。

63 → 硫酸，读音谐一谐，数字63直接谐音成硫酸的发音。

64 → 螺丝，读音谐一谐，数字64直接谐音成螺丝的发音。

65 → 锣鼓，读音谐一谐，数字65直接谐音成锣鼓的发音。

66 → 鱼，字面想一想，由数字66就想到滑溜溜的鱼。

67 → 油漆，读音谐一谐，数字67就直接谐音成油漆的发音。

68 → 喇叭，读音谐一谐，数字68直接谐音成喇叭的发音。

69 → 漏斗，读音谐一谐，数字69直接谐音成漏斗的发音。

70 → 气筒，读音谐一谐，数字70直接谐音成气筒的发音。

71 → 红旗，节日找一找，数字71对应党的生日七月一日。

72 → 企鹅，读音谐一谐，数字72直接谐音成企鹅的发音。

73 → 旗杆，读音谐一谐，数字73直接谐音成旗杆的发音。

74 → 骑士，读音谐一谐，数字74直接谐音成骑士的发音。

75 → 西服，读音谐一谐，数字75直接谐音成西服的发音。

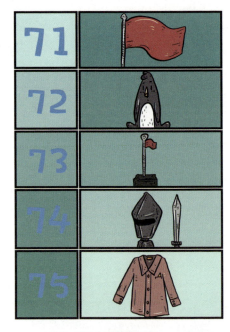

76 → 气流，读音谐一谐，数字76直接谐音成气流的发音。

77 → 卢沟桥，字面想一想，由数字77想到七七卢沟桥事变。

78 → 西瓜，读音谐一谐，数字78直接谐音成西瓜的发音。

79 → 气球，读音谐一谐，数字79直接谐音成气球的发音。

80 → 百灵，读音谐一谐，数字80直接谐音成百灵的发音。

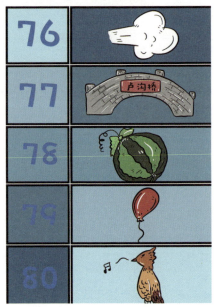

57　数字编码（81-100）

81 → 解放军，节日找一找，数字81就是八一建军节，解放军的节日。

82 → 白鹅，读音谐一谐，数字82直接谐音成白鹅的发音。

83 → 花生，外形看一看，数字83中的8和3从外形看分别像整个花生和一半花生。

84 → 巴士，读音谐一谐，数字84直接谐音成巴士的发音。

85 → 金元宝，字面想一想，由数字85的字面想到宝物，金元宝是宝物的一种。

86 → 八路军，读音谐一谐，数字86直接谐音成八路，形象点就是八路军。

87 → 妈妈，字面想一想，由数字87通过字面想到爸爸的妻子，所以是妈妈。

88 → 爸爸，读音谐一谐，数字88直接谐音成爸爸的发音。

89 → 八角，读音谐一谐，数字89直接谐音成一种香料的发音：八角。

90 → 酒瓶，读音谐一谐，数字90直接谐音成酒瓶的发音。

91 → 旧衣服，读音谐一谐，数字91直接谐音成旧衣，为了方便记忆就记成旧衣服。

92 → 酒窝，读音谐一谐，数字92直接谐音成酒窝的发音。

93 → 救生圈，读音谐一谐，从数字93的发音联想到救生圈。

94 → 医生，读音谐一谐，数字94的谐音是救死，就联想到救死扶伤的医生。

95 → 酒壶，读音谐一谐，数字95直接谐音成酒壶的发音。

96 → 酒楼，读音谐一谐，数字96直接谐音成酒楼的发音。

97 → 香港，节日找一找，由数字97就想到97年香港回归。

98 → 酒吧，读音谐一谐，数字98直接谐音成酒吧的发音。

99 → 澳门，节日找一找，由数字99想到澳门99年回归。

100 → 方便面，字面想一想，由数字100想到某明星做的方便面广告。

58　数字图码（01—0）

01 → 人妖，读音谐一谐，数字01直接谐音成泰国的人妖。

02 → 铃儿，读音谐一谐，数字02直接谐音成铃儿的发音。

03 → 大佛，字面想一想，数字03通过字面可以联想到乐山大佛。

04 → 零食，读音谐一谐，数字04直接谐音成吃的各种零食。

05 → 动物园，读音谐一谐，数字05直接谐音成动物，为了形象点，就叫做动物园。

06 → 牛奶，字面想一想，数字06的字面谐音就是拧牛，拧牛的动作是为了挤牛奶。

07 → 空调，字面想一想，数字07的字面谐音就是冷气，而空调可以制造冷气。

08 → 冬瓜，读音谐一谐，数字08直接谐音成一种蔬菜的名称：冬瓜。

09 → 菱角，读音谐一谐，数字09直接谐音成菱角的发音。

00 → 望远镜，外形看一看，数字00跟望远镜的外形很相似。

0 → 嘴巴，外形看一看，数字0跟人张开的嘴巴很相似。

以上设立的这111组数字图码非常重要，各位读者必须快速地掌握，看到数字就能在3秒钟内反应出所对应的图码。记住这些图码，不光可以提升记忆数字资料的速度，还可以增强处理各种复杂信息的能力。随着记忆速度的提高和图码转换能力的加强，你甚至可以根据自己的经历和兴趣爱好给这111组数字设立更多个不同的图码。但前提是，一定要掌握数字图码设定的四大原则。

59 数字资料整体谐音转换记忆原则 1

在学习资料中，有非常多的数字资料需要记忆，这时，我们就可以运用数字资料整体谐音转换的记忆方法，把枯燥无味、晦涩分散的数字资料瞬间变成活生生的记忆材料。数字资料整体谐音转换只要把握以下两个大的原则就可以了。

原则1 遇到数字需要进行单一转换的时候尽量与原数字读音靠拢，越近似越好，或者以大家约定成俗的发音出现也可以

比如，1运用读音可以转换成"衣"，也可以转换成约定成俗的发音"幺"；0运用读音可以转换成"零"，同样也可以转换成约定成俗的发音"洞"。对于初学者来说，为了保证效果，最好自己订立一个规则，在这两种方式中选择一种成为自己固定的转换方式，以避免数字太多出现混淆，在还原成原有资料的时候无法——对应。下面我们对0~9这10个阿拉伯数字进行单一转换，对照如下：

0 转换为：零、铃、陵、岭、羚、邻、菱、领、洞、桶、动、通、冻；

1 转换为：一、衣、依、倚、椅、仪、义、艺、益、医、腰、要、药、舀、摇、瑶、移、妖、幺；

2 转换为：二、而、儿、耳、尔、阿、饿、恶、两、凉、梁、俩、量；

3 转换为：三、山、伞、散、闪、珊、善、鄯、扇；

4 转换为：四、狮、寺、事、是、死、斯、丝、撕、师、私、丝、屎；

5 转换为：五、吾、屋、雾、勿、无、舞、胡、瑚、武、务、父、悟、乌、吴；

6 转换为：六、柳、溜、琉、流、牛、留、刘；

7 转换为：七、妻、栖、吃、棋、旗、器、西、凄、齐、起、砌、乞、气；

8 转换为：八、发、爸、拨、爬、扒、坝、瓜、霸、罢、靶；

9 转换为：九、酒、舅、旧、灸、韭、久、鹫、就、枢、鸠；

现在，我们看看下面这些资料，采用谐音转换后，记忆就很简单了。

例子1：587019484

谐音转换：我抱起你（5870）领药酒（019），是不是（484）

例子2：895313551749

谐音转换：把酒壶（895）闪一闪（313）舞舞腰（551）去吃酒

（749）

60 数字资料整体谐音转换记忆原则2

原则2 遇到文字和多位数字资料同时存在的情况，进行整体转换的时候务必让形象和画面尽可能奇特、鲜明、活泼，尤其是记忆多数据资料时，如果能组织一条主线对转换后的资料进行串联，增加与某种外部的联系，达成的记忆效果会更好。

我还很清楚地记得我上学的时候，物理老师教全班同学记忆三个宇宙速度数值的情景，其实就是运用谐音对文字和数字进行整体转换，他是这样来帮我们记忆的：

V1=7.9千米/秒，把7.9谐音成：吃点酒；

V2=11.2千米/秒，把11.2谐音成：要一点儿；

V3=16.7千米/秒，把16.7谐音成：要留点吃。

最后把这三个转换后的谐音句子串联成了一个故事，这个故事是：一个外星人以很快的速度从其他星球来到了地球上，唯一的要求就是向地球人"吃点酒"，外星人喝了酒之后，在离开地球时又向地球人"要一点儿"酒带走，地球人问他把酒带走干什么，他说"要留点（回去）吃"。经过这样的整体转换后，全班的同学很快就记住了这三个宇宙速度。

现在我们来看看下面的这些资料：

①马克思诞辰于1818年5月5日。

谐音记忆：马克思一出生就伸出手一巴（18）掌一巴（18）掌地打得别人呜呜（55）直哭。

②中日《马关条约》签订于1895年。

谐音记忆：中日《马关条约》签约的时候得到了一把酒壶（1895）。

③长江全长6300千米。

谐音记忆：量长江长的时候楼上（63）出现了一些洞洞（00）。

如果遇到文字和多位数字的资料我们可以把画面想象得鲜明活泼，这样可以帮助我们记忆下面这一连串的资料。

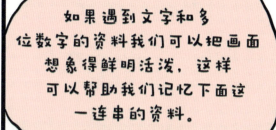

啪——

比如刚才这个，马克思诞辰于1818年5月5日，我们就可以想象成马克思一出生就伸出手一巴掌一巴掌的打得别人呜呜直哭！再举个例子，《马关条约》签订于1895年，可以想象成签订《马关条约》的时候得到了一把酒壶。

给！

61 长段数据资料记忆

现在，我们运用图码对长段数据资料进行快速记忆。在开始之前，请你闭上眼睛，从"0"开始一直背诵到"100"，当背诵完成后，请在下面的方框中写出各个数字对应的图码。

59	82	03	17	98	67
44	13	34	95	01	26
12	29	47	08	79	30
53	42	09	58	21	83

写完之后，请你运用前面章节中所学习的链式记忆，把表格中的各个图片锁链或者串联成生动有趣的场景影像。回想完成后，在下面的方框内依次写出刚才每个图码所代表的数字：

现在，对照一下答案，如果方格里有写不出来或者写错的部分，请立刻找出原因来，然后用锁链或者串联再强化一下影像，使遗漏的部分在脑海中刻画得更加清晰生动。很多初学者写不完全的原因就是，只记忆了联想的"文字"，而不是记忆了数字转换过后的"图码"。那如何区别到底是记忆了文字还是图码呢？很简单，看看你闭上眼睛后，脑海中有没有图

像清晰地浮现出来。如果有，证明你是记忆了图码，如果没有，则证明你记忆的是文字。

如果上面的数字全部写正确了，恭喜你，你已经掌握了记忆长段数据资料的方法了，现在，请继续对下面的长段数据资料进行练习，并把自己链式记忆的场景影像写在下面的横线上。

①15 78 03 67 89 02 64 51 57 83 94 74 65 31 80 30

参考场景影像：我一手抓着月饼（15），一手拎着一个大西瓜（78）走到大佛像（03）面前，看见红色的油漆（67）泼在芭蕉（89）树和铃儿（02）上面，堆得像小山似的螺丝钉（64）被工人（51）做成了枪（57），去抢来了很多花生（83）。成群结队的医生（94）和骑士（74）敲着锣鼓（65）把山妖（31）白骨精和一群百灵鸟（80）赶进了黑乎乎的山洞（30）里。

② 45 76 38 18 67 49 21 03 57 64 21 82 53 74 99 00 18 71 84 79

参考场景影像：我的师傅（45）被一阵气流（76）吹到了天空中，看见一群妇女（38）把钞票藏在油漆（67）桶里面，一只狮子狗（49）赶着一只鳄鱼（21）去大佛（03）像那里运送枪支（57）和螺丝钉（64），鳄鱼（21）在路上很残暴地把一只白鹅（82）吃掉了，这时，一个披着武术衫（53）的骑士（74）和舅舅（99）拿着望远镜（00）找到了那些钞票（18），拿着这些钞票买来了很多红旗（71）插在了所有的巴士（84）车和热气球（79）上。

①15 78 03 67 89 02 64 51 57 83 94 74 65 31 80 30

② 45 76 38 18 67 49 21 03 57 64 21 82 53 74 99 00 18 71 84 79

62 数据与文字材料记忆

请快速记忆下面的10项文字材料。

①成语接龙　②变化莫测　③中华大地　④全球变暖　⑤和谐社会

⑥清风明月　⑦人民币升值　⑧望梅止渴　⑨不断提升　⑩职位晋升

上面这些毫无规律的材料，如果要死记硬背，我相信很多人都要花大量的时间，还不一定能完整地记忆下来，但是，如果我们运用数字图码并对这些材料转换后进行结合记忆的话，奇迹就立刻出现了。

①成语接龙　记忆：想象自己扛着一个木棒拿着成语书去海里接龙王来我家玩耍。

②变化莫测　记忆：一群鸭子在水里面不断变化游泳的姿势，原来是魔（莫）鬼在测试它们。

③中华大地　记忆：一个大力士撑着一把巨大的伞，一下子把中华大地上的所有东西给遮住了。

④全球变暖　记忆：很多帆船排出了很多废气和二氧化碳，导致全球的气候变暖和了。

⑤和谐社会　记忆：很多人戴着手套看见河（和）里面的螃蟹（谐）和蛇（社）汇（会）集在一起。

⑥清风明月　记忆：想象自己用口哨吹着优美动听的歌曲，清风和明月都向你伸出大拇指。

⑦人民币升值　记忆：想象自己扛着锄头去地里挖出了很多人民币，皇帝知道了，送给你了一道圣旨（升值）。

⑧望梅止渴　记忆：想象自己吹着葫芦丝，望着一大片梅花，还是止不住咳（渴）嗽。

⑨不断提升　记忆：想象一只猫为了练习抓老鼠去捕捉在地上不断提起的那条绳（升）子。

⑩职位晋升　记忆：想象自己打棒球获得了世界冠军，职位立刻从经理晋升到了总裁。

请你闭上双眼，从第一项资料开始回忆，一直回想到第10项资料结束，看看自己是不是很轻松就记下了这10项资料以及对应的顺序了？甚至你还可以接受别人的任意抽背，只要他们报上这10项资料的顺序号，你就轻易地答出对应的资料，是不是能让他们目瞪口呆？

63 数据资料的综合记忆运用

我们在对数字资料进行综合记忆的时候，必须把握 3 个最重要的原则。

原则 1 记得快

就人们的记忆习惯而言，针对不超过6个纯数字组成的资料而言，直接记忆数据要比用数据整体谐音转化和图码记忆要快，但如果数据过多的话，就会因为数据资料的相似性，而发生混淆。由于我们记忆数据的目的在于以后熟练地运用，所以，光"记得快"还不够，还必须"记得牢"。

原则 2 记得牢

在我们的教育试验中，我发现学员们只要熟练掌握数字图码和数字资料的整体谐音转化的方法，在记忆数据资料的时候，都能体会到用这样的方式会带来非常好的效果，而且在需要运用的时候，都能快速从大脑里面调取出以前赋予数据资料的各种具体形象，从而还原成所需要的数据。

原则 3 记得准

在记忆数字资料的时候，不能有半点含糊，必须精准，正因为有这样的特点，所以记得准比什么都重要，所谓"失之毫厘，谬以千里"就是这个道理。在采用图码记忆和整体谐音转换记忆的时候由于我们人为地加工过，看似多花了些时间，但最终完整地记住了数据，达成了自己的目标，是非常值得的。

把握了这3个重要的原则后，现在就开始对这些综合资料进行记忆吧。

①郑和下西洋始于1405年

参考记忆：郑和下西洋始于把钥匙掉进了动物园的那一年。

②赤道全长 40076 公里

参考记忆：司令扛着空调吹着口哨绕着赤道跑了一圈。

下面这些请你完成。

③世界第一高峰珠穆朗玛峰8844.43米（参考答案记忆：爸爸扛着圣诞树去爬雪山，爬上了世界第一高峰珠穆朗玛峰。）

④南北回归线在23°26′纬线（参考答案记忆：乔丹穿着溜冰鞋在南北回归线的纬线上溜冰。）

⑤拿破仑生日 1769.8.15（参考答案记忆：拿破仑生日那天仪器堵住了漏斗，同时那天还是中国的中秋节。）

⑥12257479117456168313 0 （参考答案记忆：圣诞节那天我乘的747飞机发生了911恐怖事件，气死我了，我就从飞机上跑下来一路爬山，一口气爬到了十三陵那个地方。）

谈到信箱记忆法，我们一定会想到自己家楼下的那个装信件的箱子。正是因为信箱有便于收取和长期保存资料的特性，进行记忆训练的时候，把记忆处理好的资料与我们按照一定顺序设立好的信箱进行联结，这些资料就牢牢存储在信箱里面了。需要运用的时候，直接按需从信箱中取出以前所记忆的内容就可以了。这就是我们常说的给记忆资料添加一个"保险箱"，如果能熟练运用这个"保险箱"，大脑的记忆容量和记忆的持久度就会大大增加。

64　信箱记忆法的关键要点 1

在长期的教学中，我发现一个很普遍的现象就是，很多人一下子记住了大量的学习资料后，在复习的时候非常吃力，甚至有非常严重的遗忘情况出现。原因就在于处理记忆大量的资料时，没有把经过记忆处理后的材料放进大脑里面一个特殊的箱子里，从而导致信息杂乱无章，为了避免这种情况出现，运用的时候能迅速找到记忆资料所存放的位置，运用信箱记忆法是非常关键的一步。

在运用信箱记忆法的时候，我们不能像邮递员投递信件一样直接将记忆放进大脑里面就好，而要按照一定的模式，并要熟练掌握以下3个关键要点。

Point1　在运用信箱记忆法的时候，设立的信箱一定要是实际的物品及地点等，我们必须选择一些比较熟悉的物品、地点、身体部位等来作为设立的信箱。

只有是熟悉的，大脑才能快速呈现出信箱的形象、大小等，如果所设立的信箱是自己见都没有见过的物品，那你是没有办法让大脑呈现出它本来的形象及大小的，这样的信箱就容易让大脑有选择性地忽略掉，对记忆学习资料提供不了任何帮助。

在设立信箱的时候一定要根据记忆材料的数量设立相应的信箱，比如，有20项资料，就设立20个信箱，有50项资料，就设立50个信箱。明白这些过后，可选择做信箱的材料就广泛了，如果你能把眼前所呈现出一草一木按照顺序设立为记忆的信箱，哪怕是让你记忆一整本《道德经》之类的书籍，也可以在很短的时间里面轻松完成。

65 信箱记忆法的关键要点 2 和 3

Point2　设立的信箱要按照一定的顺序。

在采用信箱记忆法的时候，顺序是保证我们能高效记忆和快速回忆复习的关键。如果没有顺序，虽然也能把资料全部完成记忆，但复习的时候就会非常凌乱，而且运用的时候常常会导致找不到信箱的情况，非常不方便资料的提取。通常设立信箱的时候很多人都会选择比较熟悉的地方，比如自己的家、学校、公园、办公室，用这些地方所摆设的物品来设立信箱，但这些物品的摆放都比较散乱，甚至还会有重复出现的可能，所以信箱按照一定的顺序来设立就显得非常重要了。

以我本人的经验来看，一般情况下按照两种顺序设立。一种是从左到右或者是从右到左，一种是从上到下或者是从下到上。如果按照其中任意一种顺序设立信箱的时候中间有重复出现的物品的话，只需把第一个设立为信箱就好，其他的都忽略掉，否则在记忆材料的时候因为有相同的信箱，很容易发生记忆混淆的现象。

Point3　采用信箱记忆法的时候，信箱一定采用链式记忆锁链或者串联在记忆资料的前面，这样的好处就是能快速找出信箱里面所"装载"的资料。

只要想到第几个信箱，这个信箱里面所"装载"的资料也就轻松提取出来了。如果把信箱锁链或者串联在记忆资料的中间，就会很容易出现找不到信箱无法提取出记忆的资料。比如我们用第一个身体信箱"头发"来记忆"去学校的图书馆借书"这笔资料，现在采用链式记忆把信箱串联在记忆场景前面：我把自己的头发全部剪掉后拿着这把黑色的头发去学校的图书馆里借书，管理员不同意，我就把剪下来的头发撒在图书馆各处。另一种是把信箱串联在记忆场景的中间：去图书馆借书管理员不同意，最后我就把头发剪下来，拿在手里苦苦哀求管理员借书给我。现在请你闭上眼睛想象这两种场景，哪一种让你在想到信箱的时候更容易提取出要记忆的"去学校图书馆借书"这项资料？

66 位置信箱的创造

　　理解了信箱记忆法的 3 个关键要点后，就可以开始学着设立信箱对学习的资料进行记忆了。如果你是为了长期记忆或者是要在短时期之内记住大量的学习资料，你所要设立的信箱种类应该是多种多样的，一般单一地设立几十个同类的信箱无法满足你记忆海量的资料。为了设立更多种信箱来协助自己记忆大量的资料，方便而又常用的方法就是采取位置信箱、身体信箱、生肖信箱、人物信箱等。

　　位置信箱又可以称为记忆宫殿法，在香港电视连续剧《读心神探》中，演员们记忆资料时就是运用的位置信箱或者记忆宫殿法。这种方法是伟大的希腊诗人西摩尼得斯创造的，其创造有很大的偶然性。

　　一次，西摩尼得斯去参加一个宴会，不幸的是大厅坍塌了，所有的宾客都被埋葬在废墟当中，由于当时发生了一件事情，导致西摩尼得斯临时离开了一会儿，因为这个巧合，他成了这次坍塌事件的唯一幸存者。为了协助参加救援的人们分辨死者的尸体，西摩尼得斯根据大厅里面不同的位置去联想之前这一位置上的人物，凭借惊人的记忆力，他轻松地回忆出了每个位置上的死者，并由此得到启发，创立了位置信箱记忆法。西摩尼得斯把这种记忆方法公开发布后，迅速在古罗马流行起来，很多人在使用中不断改进这种方法，将很多的法典及著作整本整本背诵下来，从而在各种演说和辩论中大展风采。

　　运用此方法的前提是你要找到觉得最熟悉的路线或者地方。熟悉的路线最好选择你经常乘坐的公交车路线、地铁路线等，这些路线的顺序非常清楚，只需要记住站名就可以了。如果你找的是自己最熟悉的地方，就一定要把这地方上的物品按照顺序设立，还需要遵循一定的逻辑。比如你选择家里这个地方，那就从前门开始，一一按顺序开始设立，你不能直接就从厨房开始，接着就到客厅，又到卫生间，再到阁楼，设立乱序的位置信箱会让自己的思维变得繁乱，增加复习的难度。

67 位置信箱的具体应用

下面就以我创造的一条非常实用的奥运火炬虚拟传递路线为例，把虚拟的各个传递站点设立为位置信箱，以雅典神殿开始，路线如下：

1	2	3	4	5	6	7	8
神殿	天安门	长城	苹果园	清真寺	运河港	钟楼	埃菲尔塔
9	10	11	12	13	14	15	16
大桥	纪念碑	非洲部落	城堡	花园	陵墓	泰姬陵	公园

16个位置信箱已经设置好了，请你开始运用数字图码和每一个相对应的位置锁链起来，比如，1的图码是"木棒"，和它对应的"神殿"就可以这样锁链：很多的木棒插在神殿里面。以此类推，完成后闭上眼睛，把这16个位置信箱存储在大脑里面。

现在我们就把位置信箱法学以致用快速记忆老舍的主要作品。

神殿——《骆驼祥子》参考记忆：雅典神殿里面喂养着很多骆驼，这些骆驼的主人叫祥子。

长城——《老张的哲学》参考记忆：万里长城上住着老张一个人，他经常对着烽火台上的士兵讲他的哲学理论。

苹果园——《四世同堂》参考记忆：苹果园里面住着一家四代人。

运河港——《小坡的生日》参考记忆：运河港上有很多人在给小坡过生日。

钟楼——《离婚》参考记忆：只要钟楼的钟声响了，就有一对夫妻离婚了。

埃菲尔塔——《猫城记》参考记忆：埃菲尔这小伙子站在铁塔上把一只猫丢在城市里去做了记者。

请根据上面的例子，独自完成剩下10项资料的记忆。

在以上位置信箱和资料结合进行记忆练习过程中，我们必须牢记已经在前面讲过的一个关键要点，就是信箱和资料进行锁链或者串联的时候，一定要让这个场景或者影像在你的大脑里清晰呈现出来，越是夸张反逻辑越好。很多初学者只是进行了文字的锁链或者串联，而不是图像转换的锁链或者串联，虽然能达到一定的短期记忆效果，但对于长期记忆而言是没有任何帮助的。

68 身体信箱的运用

身体是我们最熟悉、最不会忘记的，用身体部位作为信箱与要记忆的资料联结起来，在需要提取记忆资料时，只要照身体部位依次回忆就可以了。下面是我们设立的身体信箱：

1	2	3	4	5	6	7	8	9	10
头发	脖子	肩膀	手掌	前胸	后背	屁股	大腿	小腿	脚掌

当牢牢记住了这些身体信箱及序号之后，就可以利用它们来记忆各种资料了。下面这些毫无规律的句子，就是我们要记忆的材料，看看是如何用身体信箱完整地对它们进行记忆。

①妈急得发疯了；②医院在什么地方；③地主婆不让我吃饭；④一会儿就回到家里；⑤孩子们长大了；⑥我心里非常愉快；⑦它能产生极高的温度；⑧姑姑给我当翻译；⑨给老师打个电话；⑩扫帚哪里去了。

现在将这些句子和我们所设立的身体信箱一一对应锁链起来：

①头发 ——妈急得发疯了　参考记忆：想象一头乌黑亮丽的头发全部掉光了，妈妈看见这个样子急得像发疯了一样。

②脖子——医院在什么地方　参考记忆：想象在一个陌生的酒店睡觉的时候，脖子扭伤了，我们找不到医院，就去酒店的前台问服务员，这附近的医院在什么地方。

③肩膀——地主婆不让我吃饭　参考记忆：想象自己在地主家里面干活，就因为肩膀上少扛了一袋粮食，地主婆就不让我上桌子吃饭。

④手掌——一会儿就回到家里　参考记忆：想象放学了，自己跟着同学拍着手掌玩耍嬉戏，不知不觉一会儿就回到了家里。

⑤前胸——孩子们长大了　参考记忆：想象自己前胸上抱着一群孩子，孩子们渐渐地长大了。

请根据上面的例子，独自完成剩下5项资料的记忆。用链式记忆完成了10个身体信箱及所有的资料锁链后，请你从头发开始一直到脚掌把这些信箱上锁链的资料复习一遍吧。当你复习完成后，合上书，用手指着屁股，是不是也能很轻松提取出"它能产生极高的温度"这项资料。

69 生肖信箱的运用

　　很多人都熟悉的12生肖也可以设立为记忆信箱，在课堂上，同学们称之为生肖信箱。12生肖的排列依次是：鼠、牛、虎、兔、龙、蛇、马、羊、猴、鸡、狗、猪。下面这些资料是你要记忆的12个要点。

　　从开户银行提取现金支付；民族自治地方同时使用中文和民族文字；相同的对象承担着同样的职责；甲方案风险大于乙方案风险；不受原有项目的制约；没有固定的利息支出；存放受托加工企业的加工物资；融资租赁方式租入的设备；未成年人也享有民事权利能力；公司超越经营范围对外订立的合同无效；股权转让只能在公司股东之间进行；企业计提的各种准备金不得在税前扣除。

　　阅读完上面的记忆材料，我们要做的就是将这些知识要点一一与上面设定的生肖信箱锁链或者串联起来。在运用位置信箱和身体信箱的时候，我们记忆的都是几乎可以直接创造出完整形象的词和句子，而这回难度增加了，这些资料几乎都是抽象的，这就需要运用前面所学习的抽象能力转化法则对这些资料进行转换后，才可以有效地和生肖信箱锁链或者串联起来。

　　① 鼠——从开户银行提取现金支付

　　参考记忆：一群穿着艳丽服装的米老鼠从迪士尼乐园的开户银行里面提取出了大量的现金，支付给在迪士尼乐园里面游玩的客人。

②牛——民族自治地方同时使用中文和民族文字

参考记忆：成群结队的老黄牛拿着高音喇叭在我们国家的少数民族居住地区大力宣传，只要是少数民族自己治理的地方都可以同时使用中文和少数民族自己传承下来的文字。

③虎——相同的对象承担着同样的职责

参考记忆：原始森林里面的老虎都聚集在一起开会，规定以后捕捉相同的一对大象时，大家必须承担相同的职责，否则偷懒的老虎没有食物吃。

④兔——甲方案风险大于乙方案风险

参考记忆：饲养兔子的养殖场要扩大经营，找了甲乙两个投资者各设计了一个投资方案，最后大家讨论时，觉得甲方案风险大于乙方案风险，所以否定了甲方案，采纳了乙方案。

请根据上面的例子，独自完成剩下8项资料的记忆。

70 人物信箱的运用

在扩展信箱数量的时候，千万不要忘记我们身边那些熟悉的人物，如果把这些人物也能扩展成记忆信箱，再和需要记忆的资料联结起来，需要提取资料的时候只要一想到这些人物，这些资料瞬间就会在大脑里面呈现出来。运用人物信箱最大的优势是不需要我们去记住顺序，只需要在设立人物信箱的时候按照最大年龄的长辈一直写到你的小辈，或者从你认识的最小辈分的人物一直写到年龄最大的长辈即可，如果你用历史人物来设立信箱的话，只需要你按照历史时间的先后顺序写下来就好了，非常方便。

在这里，我们来设立一系列的人物信箱：孙悟空、唐僧、猪八戒、沙和尚、观音菩萨、如来佛、爷爷、奶奶、爸爸、妈妈、哥哥、姐姐。想到《西游记》这部小说，孙悟空、唐僧、猪八戒、沙和尚、观音菩萨、如来佛这6个人物的形象就会活灵活现地出现在脑海里；想到爷爷，就一定想到奶奶、爸爸、妈妈、哥哥、姐姐。人物与人物之间总有一个纽带相互联系着，而这正是人物信箱的特别之处。下面我们就可以用这12个人物信箱来记忆古诗词《长恨歌》的节选部分。

①汉皇重色思倾国　②御宇多年求不得　③杨家有女初长成

④养在深闺人未识　⑤天生丽质难自弃　⑥一朝选在君王侧

⑦回眸一笑百媚生　⑧六宫粉黛无颜色　⑨春寒赐浴华清池

⑩温泉水滑洗凝脂　⑪侍儿扶起娇无力　⑫始是新承恩泽时

①孙悟空——汉皇重色思倾国

参考记忆：孙悟空拿着金箍棒打妖怪的时候遇到一个汉朝的皇帝，他抓着一条很重的蛇（色）思念一个叫倾国的人。

②唐僧——御宇多年求不得

参考记忆：唐僧骑着白龙马遇（御）到一个女（宇）孩子，这个女孩子追求唐僧很多年，唐僧也不答应，追求最后不得不以失败告终。

③猪八戒——杨家有女初长成

参考记忆：猪八戒看见一户姓杨的人家有个女儿刚刚（初）长大成人，就想娶她为妻。

④沙和尚——养在深闺人未识

参考记忆：沙和尚给养在流沙河里的一只深色乌龟（闺）专门请了一个人给它喂食（未识）物。

请根据上面的例子，独自完成剩下8项资料的记忆。

71 信箱扩展运用 1

在前面的四种记忆信箱练习中，我们设立了50个信箱，记忆了50项不同类型的资料。但如果遇到大量资料需要记忆的时候，这50个信箱是远远不能满足需求，这就需要我们对现有信箱的数量进行扩展，根据资料的多少，扩展出相对应的信箱。

扩展信箱非常简单，你身边熟悉的事物或者旅游过的景点都可以，甚至你还可以在网上找出每个城市的地铁站点分布图，把上面的每一个站点都作为你扩展出来的信箱。如果你觉得并不需要记忆大量的资料，只需要100多个信箱就足够满足学习和生活方面的需求，这里还有一个更简单的方法，就是把我们在第五章所转化的数字图码用来扩展成信箱，效果也非常不错。

这里我们就来随机扩展出10个信箱，这些信箱有可能是地点，也有可能是曾经见过的动物，这些都不重要，重要的是，你看到这些扩展出来的信箱能很轻松地想象出它们的形象，还有就是能轻松地记下它们的先后顺序。这10个信箱依次是：沙滩 → 海鸥 → 灯塔 → 排球 → 摩托艇 → 螃蟹 → 渔网 → 海豚 → 椰子 → 喷泉。

由于这10个信箱是临时扩展出来的，就需要你花上几分钟的时间先把它们熟悉一下。你可以运用链式串联记忆法把这些地点组成一个生动形象的故事，轻松完成对它们的记忆。现在请你想象：

自己正坐在金黄色的沙滩上，望着天空飞过来的一群黑压压的海鸥，它们不住地用头去碰撞海岸边的灯塔，一群刚刚打完沙滩排球的美女骑着摩托艇到海里抓了很多螃蟹，还用渔网网住了一只肥大的海豚，一群可爱的小朋友爬到椰树上摘下了很多椰子，却不小心都掉在喷泉里面了。

想象完成后，再复习一下，直到感觉这些情景好像真的发生在你身边一样，如果在以后的运用中，是根据你的亲身经历所扩展出来的信箱，那对你来说就更加容易了，因为这些信箱已经牢牢地存在于你的大脑里面，只是再一次从记忆中提取而已。

72 信箱扩展运用 2

下面，让我们来看看一些需要记忆的材料，材料如下：

项目目标的动态控制；设计前的准备阶段至保修期；责令施工企业立即整改；组织的经营方针和目标；各组成部门之间的指令关系；李时珍编著本草纲目；企业拥有经营自主权；实行依法治国的基本方略；坚持以经济建设为中心；接受国际市场的竞争压力和挑战。

现在，利用前面扩展的10个信箱把以上的资料锁链或者串联起来，以便我们快速准确地记下这10个要点。

①沙滩——项目目标的动态控制

参考记忆：海边的沙滩上有一个橡木（项目）桶在移动，大家把它当成危险产品（目标），所以要对它的移动状态进行控制。

②海鸥——设计前的准备阶段至保修期

参考记忆：很多人在修建一个巨型海鸥的雕像，在设计前期准备了很长的阶段，甚至都考虑到了在保修期内怎么维护它。

③灯塔——责令施工企业立即整改

参考记忆：灯塔修了没几天就快倒塌了，安监部门发出整改通知书，责令施工企业立即整改。

④排球——组织的经营方针和目标

参考记忆：打排球的所有球员都来自同一个组织，这样才好制订经营方针和目标。

⑤摩托艇——各组成部门之间的指令关系

参考记忆：摩托艇由很多零件组成的，所以必须要求各组成部门之间的指令关系准确无误。

⑥螃蟹——李时珍编著《本草纲目》

参考记忆：一群螃蟹用大钳子夹住李时珍，要挟他编著《本草纲目》这本书。

⑦渔网——企业拥有经营自主权

参考记忆：生产渔网的这家企业拥有经营自主权，想卖给谁可以自己做主。

⑧海豚——实行依法治国的基本方略

参考记忆：大海里面要保持生态平衡，海豚不能随便捕获，否则重罚，这是实行依法治国的基本方略上规定的。

⑨椰子——坚持以经济建设为中心

参考记忆：海南岛栽种了大量的椰子，创了很多外汇，坚持以经济建设为中心让海南省得到了巨大的发展，让人民过上了好日子。

⑩喷泉——接受国际市场的竞争压力和挑战

参考记忆：联合国大门口的那个喷泉是我们中国人为了接受国际市场的竞争压力和挑战而修建的。

缩编记忆法

很多人把缩编记忆法也叫做化繁为简记忆法，运用范围非常广泛，尤其适用于要记忆较多资料的科目，如政治、历史、生物以及会计师考试资料、建造师考试资料、法律条文等，可以大大减轻大脑的记忆负担，迅速达到事半功倍的效果。

73 大量资料可用缩编记忆法

我相信很多人在记忆学习资料的时候常常会有这样的体会：一次连续记忆了大量的知识要点后，导致在复习的时候各个知识点相互"打架"，答题的时候张冠李戴。还有一种情况就是，记忆了大量的资料过后，最开始和最后面的部分通常都能很轻松地回忆出来，而中间部分几乎已经遗忘得一干二净。这是因为，运用逻辑理解式记忆的左脑在面对大量需要记忆的资料时，先记住的资料会对后记住的资料有抑制，同样，后记住的资料也会对前面记住的资料有反抑制。

美国心理学家和普兰德博士曾经做过这样一个实验，他把12个单词排成一排，让别人来记忆。最后实验结果发现，几乎没有人会记错第一个和第二个词，但从第三个词开始错误就逐渐增多了，第七、第八个词错误最高，往后又逐渐减少，而最后一个词和第一个词的正确率最高。因此，心理学家把在记忆时出现的这种现象叫做首因效应和近因效应。

那如何才能解决这个问题呢？答案很简单，在记忆大量资料的时候，采取缩编记忆法就可以了。所谓的缩编记忆法就是我们把需要记忆的大量长段资料进行通读过后，进行分析、整理出资料的基本要素以及本质，然后排列组合成简单、短小、精炼、便于记忆的熟悉句子。当要提取出记忆的材料时，只需要把组合成的句子还原回去就可以了。

运用缩编记忆法并不难，只需要掌握以下几个关键要点。

74 缩编记忆法的运用要点

Point1　通读资料

拿到要记忆的资料后，首先朗读或者默读一遍，通常我选择朗读，因为人在朗读的时候，注意力会相当集中，再加上声音对大脑的刺激，会让全身70%以上的神经细胞参与大脑活动，可以让大脑皮层的抑制和兴奋过程达到相对的平衡，增强学习的效果。在缩编记忆法中，通读要记忆的资料，可以让我们准确地把握材料的内容，了解材料一些生字、生词、语句等的大概意思，让大脑思维产生丰富合理的想象，让材料的内容在心中、在眼前活起来。

Point2　找出代表

知道了资料的大概意思，就需要抓住资料的个性及特征找出能够代表其内容的一些关键的字、词。在找代表的时候，一定离不开观察、辨别和发掘这三个步骤。观察可以让我们从整体到局部都能找出代表这些资料的关键字和关键词。辨别可以让代表这些资料内容中极其相似和容易混淆的关键字和关键词一目了然。发掘针对的是那些不容易找出关键字和关键词的资料，必须要依靠人为地给予一些关键字或者关键词，以方便记忆。每个人的思维不一样，找出的关键词或者关键字也会不一样，最主要的一点就是，找出的关键词或者关键字要易于组合。

Point3　转化组合

找出代表后，我们一定要组合起来。组合的时候，一定要让这些关键词或者关键字产生联系，可以产生的联系有因果联系、顺序联系、有先到后的动态联系、也可以是由近及远的静态联系等。通过这些联系组合成我们熟悉的定理、法则、公式、人、事、地、物或者是短小、精炼、诙谐、幽默、夸张的笑话、句子、谚语等，为了方便记忆，你还可以把关键字或者关键词进行谐音转化。

Point4　复习还原

当记忆了我们组合后的资料，在应用的时候一定要把它们还原成原来的资料。还原的时候，一定要注意资料的整体性和正确性。为了保持记忆的持久性，我们必须进行有效的复习来达到巩固记忆的目的。复习的具体方法就参照前面章节中所提到的3-5-1-3-5-1六步复习法就好了。

75 缩编记忆法的一般应用

在学习的过程中，总有一种类型的材料一眼看去好像都很熟悉甚至都还听说过，但要在短时间内采用机械式记忆把它们完整地记忆下来，不仅有相当大的难度，而且效率还很低下，更容易遗忘。要对这些资料轻松完成记忆，就可以采用缩编记忆法。当你熟练掌握了缩编记忆法的4个关键要点，并把它用到实际学习中，我们不仅记得快，而且还记得牢，甚至连资料出现的顺序也不会搞错。

举例：请在2分钟内记牢下面资料。

影响气候的主要因素：洋流、地形、海陆分布、大气环流、纬度

Step1 通读一遍就知道了影响气候一共有5个最主要的因素。

Step2 从5个因素里面各选择出一个关键字，洋流选择"洋"字，地形选择"地"字，海陆分布选择"海"字，大气环流选择"大"字，纬度选择"纬"字。

Step3 把选出的5个关键字如果直接组合起来就是"洋地海大纬"。有没有更好的组合方式呢？当然有，只要对其中的"纬"字谐音转化后，重新排列一下这几个字的顺序我们就得到了一个非常棒的句子——伟（纬）大地海洋。

Step4 影响气候的主要因素直接记忆一句话"伟大地海洋"就可以了。

上面的例子我们运用缩编记忆法把记忆的内容简化了，让记忆变得简单轻松，提高了记忆的效率，同时在组合代表的时候又能充分调动我们右脑的记忆潜能，让组成的句子成为一个记忆的链条，应用的时候，只要把这个链条上的每个字还原成原来的资料就可以了。

76 缩编记忆法的练习

现在你是不是有点按捺不住激动的心情，让自己的智慧充分展现一下呢？那就开始发挥你的创造力，尝试一下吧。

①记忆人类的7大智力：语言、逻辑、音乐、视觉、体能、人际、认知

找出关键字：言、逻、乐、视、能、人、认

转化组合：言（阎）逻（罗）乐师（视）能认人

记忆：人类的7大智力是因为阎罗王是乐队的师傅，能认识很多人。

②记忆唐宋八大家：韩愈、柳宗元、苏洵、苏轼、苏辙、王安石、曾巩、欧阳修

找出关键字：韩、柳、三苏、王、巩、修

转化组合：韩柳三书（苏）修王宫（巩）

记忆：韩柳拿着三本书去修一座王宫。

③记忆中国铁矿基地：鞍山、本溪、迁安、白云、攀枝花、大冶、马鞍山、石碌

找出关键字：山、本、迁、白、攀、大、马、石

转化组合：本山牵（迁）白马攀大石

记忆：本山大叔牵着一匹白色的马去攀登一块大石头。

77　缩编记忆法的进阶运用

　　长段资料记忆的最大难点就是我们总是在反复记忆和反复遗忘之间来回徘徊，尤其是那些包含了数据的记忆资料更是如此。面对这么繁琐复杂的材料，如果能用一种更加简洁的记忆方法的话，非缩编记忆法的进阶运用莫属。直接从资料里面找出一些关键字或者关键词作线索，一一把所要记忆的资料结合起来，当我们要提取出完整资料的时候，只要结合资料中的关键字或者关键词一一回忆出来就好了。

　　记忆《南京条约》的主要内容：中国割让香港岛；赔偿2100万银元；开放通商口岸；协商英商的进出口关税。就这类型的考试题目来说，一般情况就是把最容易出现的几个字作为关键字或者关键词，这几个字通常是这类型题目最核心的字眼。就上题来说，"南京条约"这4个字就是最核心的字眼，只要把这4条主要的内容一一对应锁链或者串联到"南京条约"这4个字上面记忆就完成了。在锁链或者串联的过程中，为了达到更好的效果，使记忆更加生动形象，也可以对提取出来的关键字谐音转化。

　　"南"对应"中国割让香港岛"。我们把"南"字谐音成困难的"难"字。想象：中国要把香港岛割让给别的国家，这样做让清政府左右为难。"京"对应"赔偿2100万两银元"，我们把"京"谐音成金子的"金"。想象：一大堆黄灿灿的金子做成了2100万两银元，全部赔偿给了侵略者。"条"对应"开放通商口岸"。想象穷凶极恶的侵略者占领香港岛并拿到了银元之后，还不满足，又跟清政府提出了"开放通商口岸"来做生意的条件，否则派兵继续打仗。"约"对应"协商英商的进出口关税"。想象前面三条清政府迫于压力全部答应了，而侵略者还让清政府签订一个契约，契约上明确规定英商的进出口关税一定要双方协商，清政府不得独自制订。通过上面的缩编联结，"南京条约"就记忆成"难金条约"这4个字。在回忆的时候，只需要我们对应"难""金""条""约"这4个关键字的联想，答案自然而然就从大脑流淌出来。

78 缩编法创意歌诀

心理学家研究表明，人的记忆是以"组块"为单位，每一个组块内的信息量是相对的。一个词组可以看成一个组块，一个句子也可以看成一个组块，但组块与组块之间不是孤立的，而是可以相互联结，这点尤其在进行快速阅读训练的时候表现得非常明显。

如果学习中运用缩编法记忆法缩小记忆材料的绝对数量，再把这些缩小的资料编成歌诀来记忆，不但可以减轻大脑记忆的负担，避免遗漏，还可以通过各种编串组合，增强记忆的趣味性。

这种方法由来已久，据说周恩来总理曾把中国三十多个省、自治区、直辖市的名称编成一首七言歌诀，以便记忆：两湖两广两河山 （湖南、湖北，广东、广西，河南、河北，山东、山西）五江云贵福吉安 （江苏、浙江、江西、黑龙江、新疆，云南，贵州，福建，吉林，安徽）西四二宁青甘陕 （西藏，四川，宁夏、辽宁，青海，甘肃，陕西）海南内台北上天 （海南岛，内蒙古，台湾，北京，上海，天津）。

还有我们非常熟悉的《节气歌》也是以歌诀的形式将二十四节气串联起来，读起来既押韵又朗朗上口，记忆起来轻松简单。二十四节气歌如下：春雨惊春清谷天，夏满芒夏暑相连；秋处露秋寒霜降，冬雪雪冬大小寒。每月两节日期定，最多相差一两天，上半年来六廿一，下半年是八廿三。

那如何才能创作出简单易懂、效果显著、生动形象又不容易忘记的歌诀呢？我们必须注意以下2点：①发掘特征。在创作歌诀的时候，一定要抓住记忆材料本身的特征，反映出材料本身的基本内容。②创作的歌诀要准确自然、简洁、有节奏感、容易上口。如果在创作歌诀的时候编得不准确、不简洁，生搬硬套，不但失去了资料本来的意思，而且还会加重记忆的负担，耗费不必要的精力。

79 创意歌诀的文科运用

创意歌诀在文科和理科学习中都能用到，各科的学习要点用歌诀记忆，这种形式有趣又好玩，在愉快的氛围中，我们不知不觉地记住了知识，掌握了学习方法，还开拓了思维。

历史知识要点记忆

"两次鸦片战争：1840鸦片战，隔年8月英军舰，《南京条约》马上签，香港岛屿被英占，1856二鸦片，英法两国请清玩，1860十7天，烈火烧掉圆明园，慈禧太后忙逃难，大清王朝快玩儿完"。通过这个歌谣，我们就可以完整地把两次鸦片战争发生的先后顺序及发生事件的时间记下来了。同样，如果要熟记春秋五霸先后顺序，就可以用这个歌诀："齐宋晋秦楚，桓襄文穆庄，四霸只为公，唯独楚称王。"

地理知识要点记忆

关于气温分布规律我们可以这样记忆："气温分布有差异，低纬高来高纬低；陆地海洋不一样，夏陆温高海温低，地势高低也影响，每千米相差6摄氏度。"

地球的特点编写的歌诀为："赤道略略鼓，两极稍稍扁。自西向东转，时间始变迁。南北为经线，相对成等圈。东西为纬线，独成平行圈。赤道为最长，两极为点。"

语文知识要点记忆

句子语病修改歌诀："检查语病要细心，先看主干主谓宾，残缺搭配是病因；再看枝叶定状补，能否搭配中心语。下面语病常常见，熟悉现象心有底。是否恰当用词语，语序是否属合理，前后有矛盾，更有不统一，替概念，有歧义，句式杂糅使人迷，结构又胶节，语言重复又多余，多层否定成后语。修改语病法牢记，添、删、调、换百病医。"

80 创意歌诀的理科运用

化学知识要点记忆

记忆化合价可以用这样的歌诀："一价氢氯钾钠银，二价氧钙镁钡锌，三铝四硅五价磷，二三铁、二四碳，一至五价都有氮，铜汞二价最常见，正一铜氢钾钠，正二铜镁钙钡锌，三铝四硅四六硫，二四五氮三五磷，一五七氯二三铁，二四六七锰为正，碳有正四与正二，再把负价牢记心，负一溴碘与氟氯，负二氧硫三氮磷。"

氢气还原氧化铜实验也可以编写成这样的歌诀："夹紧试管向下倾，防水回流生裂痕，实验开始先通氢，空气排尽再点灯。先点灯，会爆炸，顺序颠倒生祸根，由黑变红即反应，用灯加热要均匀。继续通氢至室温，撤灯停氢顺序分，先停氢，会氧化，以免功败于垂成。"

物理知识要点记忆

在物理学习时重心这个章节可编写成这样的歌诀："决定重心两因素，几何形状和分布，二力平衡来应用，两次悬挂可得出，分布均匀形状定，对称图形即中心，心在物外不稀奇，分布变化位更新。"

同样，机械能守恒的歌诀也可以编写出来："只有保守力做功，系统机械能守恒，动能势能互转化，一个减少一个增，零势能点选定后，能量总量就恒定。"

数学知识要点记忆

解一元一次不等式组可以这样编写歌诀："大于头来小于尾，大小不一中间找。大大小小没有解，四种情况全来了。同向取两边，异向取中间。中间无元素，无解便出现。幼儿园小鬼当家（同小相对取较小），敬老院以老为荣（同大就要取较大），军营里没老没少（大小小大就是它），大大小小解集空（小小大大哪有哇）。"

81 融会贯通全记牢

　　下面是一些有代表性的例题，希望通过这些例题的练习，以及对照我在后面所给出的参考答案，让每一位读者都能把链式记忆法、图码标签法、信箱记忆法、缩编记忆法等学习技巧应用于学习和生活中，对任何想要记忆的资料都能做到融会贯通全记牢，并在运用的时候精准地调出存储在大脑里的资料。

第一类　短小数据资料及考点的记忆

　　① 日本富士山高12365英尺。

　　融会贯通：想象我们去攀登日本的富士山，一共用了12个月、365天才攀到了峰顶。

　　② 塔里木河全长2137公里。

　　融会贯通：测量塔里木河长度的工人随便说出$21=3\times7$，这个乘法公式就成了它的长度。

　　③ 秦统一于公元前221年。

　　融会贯通：秦朝能够统一中国是因为所有的人都能做$2\div2=1$这个题目。

第二类　抽象型纯文字资料段落背诵

　　例如：口头沟通的八点注意事项。首先你能够清楚地表达出自己的想法，你还应当确保词语能精确地表达意思，言谈举止保持礼貌和友好，在所有场合保持你真实的本色，身体自然放松，与对方保持目光接触，选择适合环境的着装且保持整洁，在整个沟通的过程中保持良好的姿势。

　　对于这种抽象型的资料，我们很难直接把它转换成图像来记忆，那就必须采取关键词记忆策略。先找出每一句当中的关键词，再把这些关键词组合起来，形成资料的骨架。然后再在这个骨架上去丰富其余的内容。上面资料中，下面加圆点的是我提取出来的关键词。现在整个资料就变得非常简单了，接下来我们就用链式记忆法中的"串联法"把这些关键词组成一个生动活泼的故事或者场景，把这些关键词记下来：

我们很清楚地看见一只金色的喜鹊（精确），它对人们非常有礼貌，对动物也很友好，保持着勤劳善良的本色，浑身的羽毛自然放松，睁开眼睛与人们目光接触，它想要一个合适的环境来筑巢，这个地方需要整洁一点，便于它每天飞翔的时候有一个良好的姿势。

记住这个故事了以后，请把这些关键词和原文联结起来，联结完成，合上书本反复回忆三到五遍，你就可以轻松完成这段文字的记忆了。

英语单词记忆法

很多人都希望能熟练地掌握英语，为自己的生存和发展创造优势。然而，有很多的人花费了大量的时间和精力，练习题做了一本又一本，英语单词记了一遍又一遍，依然在大学的时候没有办法轻松通过CET4考试，就算是通过考试了，也几乎很少有人能把英语有效地利用起来。为什么会出现这种情况呢？这得从词汇量说起。

82 成为英语达人的两大关键

学习任何一门语言，无非就是两大关键：

Point1　你脑袋里的的词汇足够多

对咱们中国人来说，英语不是母语，不可能一天24小时跟老外一样沉浸在一个只讲英语的环境里。我们所有英语词汇的累积都是被动式的，在这样的条件下，想要让自己累积足够多的英语词汇，有非常大的难度，除非你非常喜爱英语并且一直坚持着。我在教学的时候，常常把英语单词比喻成建筑英语这座高楼大厦打地基用的"砖块"，砖块越多，大楼的地基就会越稳，英语大楼就会砌得越高。如果你打地基的"砖块"一块都没有或者很少，永远都不会建造出英语高楼大厦的。因为在英语学习的过程中，没有词汇，听力、语法、阅读、写作等套用一句现在最流行的话语来说就是："神马都是浮云。"

Point2　语法学得好

语法当中我们学得最多的就是句子，所有的句子都是由单一的单词组合而来的。所以没有单词量，你的语法也是学不好的。以我本人教学英语的实际经验来看，理想的词汇量是：CET4需要3000多个，CET6需要4500个，雅思、托福、GRE最低也需要6000个。如果你不是为了拿考试证书，只是为了能和外国朋友熟练地交流，那你只需要记住2000多个常用的英语单词就可以了。如果你每天坚持记忆10个左右的单词，最多一年，你通过CET4那是易如反掌，一年半时间过CET6更不是什么难事。

　　看到这里，你会觉得太理想化了。但事实是，有太多大学生学员经过训练，轻松考过CET4，众多的大学生学员经过连续5个月每周4小时的训练，轻松考过CET6。他们是怎么做到的呢？很简单，他们应用了我教授的一套专门适合中国人记忆英语单词的方法，每个人通过这套方法来记忆英语单词，可以把单词长时间地存储在脑海里，经久不忘。很多人英语不理想最根本的原因就是只对单词进行了短期记忆，而没有把单词长期存储在大脑里，导致在应用提取的时候，脑袋里没有资料。从今天开始，只要你跟着本书的方法学习，累积你的词汇量，你也可以在1~3年内成为英语达人。

83 英语学习的3个基本法则

在学习英语的过程中，想要大脑准确地接收一个新的英语单词，必须遵循英语学习的3个基本法则，按照这3个法则一步一步来，这个单词整体输入大脑的速度就会越快，记忆就会越牢固。这三个法则依次是：读音——拼写——意义。

首先来看读音。英语学习中，如果一开始就把一个单词的读音发错了，不光会闹出很多笑话，还会打击自己学习英语的积极性。所以，一个单词正确的读音是非常重要的。其实要解决这个问题非常简单，只需要把48个国际音标的发音读对就可以了。

接着就是拼写了，很多人在考试的时候得分很低，不是他不会做这些题目，大多数时候是单词的拼写出了问题。往往是把答案中涉及的单词少写一个字母或者多写一个字母，整个题目就答错了。单词有其唯一性，因此在英语单词的拼写中必须保持精准，这就对记忆的质量要求很高。

最后就是要懂得单词的意义。一个英语单词至少有3种以上的意思，比如说单词"bird"，除了大家都知道的"鸟"的意义，它还有另外的6种意义，它可以作为动词"打鸟"，还可以作为名词"火箭、导弹、姑娘、家伙"等其他意义。对一个单词，你懂得的意义越多，你的口语就会越好。这三个法则我把它叫做学习英语的铁三角，缺一不可。

当你了解这三个法则之后，会发现一个问题，这三个法则中，其中有一个是不需要记忆的，那就是读音，每一个刚接触的新单词，后面一定会有其正确发音的音标，只要照着读，读音就正确了。而单词的拼写和意义呢，没有一本学校的教材教我们如何记忆，大多数人记忆英语单词只能靠死记硬背，从而进入今天记、明天忘，反复记、反复忘这样一个死胡同。为了提高我们记忆单词的效率，我们必须要清楚了解记忆英文单词的六个步骤。

84 记忆英文单词的6个步骤

Step1 朗读

在记忆英语单词的时候，如果一边记忆单词的拼写，一边跟着专用英语教学录音学习，不但可以纠正不正确的发音，还能培养语感，更能通过声音的刺激，集中注意力，提升记忆的效率。在朗读的时候一定要做到眼到、口到、心到。

Step2 熟悉拼写

当我们遇到不熟悉的英语单词需要记忆时，必须仔细看清楚这个单词由几个字母组合而成，然后再看看这个单词的构成方式，寻找单词的意义与它的构成字母之间的联系，或者找出单词里面熟悉的元素组合，然后再结合发音，把这个单词口头组合一下。

Step3 了解词义

在累积英语词汇的学习过程中，往往会遇到一词多义的情形。如短语"pick up"，它有多个意思：从地上捡起东西、去车站接人，或者是偶然地学到一些知识。如果只用原来记住的某一种单一意思来理解的话，意思就相差了十万八千里。所以对于一个英文单词或短句，你了解的不同词义越多，对英语的语境就会更熟悉，讲的时候就越容易脱口而出。

Step4 选择方法

英语的词汇来源本来就很复杂，再加上我们一直生活在以汉语为母语的环境中，要以完全不同的认知语言文字的思维习惯去掌握这些毫无生趣的单词，不选择正确的方法去记忆的话，学不好、记不住都是正常的，方法永远比努力更重要。

Step5 处理记忆

英语基本上是表音文字，整个英语词汇则是一个表音系统。如果处理记忆单词的时候能够成为一种创作，成为一种乐趣，你一定会充满成就感。后面我会提供三大英语单词记忆法，让你拥有非凡的单词记忆能力。

Step6　复习

随着时间的流逝，会产生遗忘的正常现象。但只要你运用前面所讲授的3-5-1-3-5-1复习法进行系统的复习，会让单词的记忆更加深刻，记忆的质量越来越高，更容易达到融会贯通的新水平。

85 思维图析单词记忆法

现在，我把三种我认为最适合中国人记忆英语单词的方法和思维方法讲授给大家。这三种方法和思维方式在我10多年的教学实践中，让上千名学生轻松突破英语单词的记忆"黑障"，在托福、雅思、GRE的考试中取得了非常理想的成绩。故此，有很多参与我英语单词记忆培训的学员都亲切地称之为"吉祥三宝"，它们分别是思维图析法、数据转换法和组合联想法。

思维图析法是一种用图像来表达思维和记忆的大脑操作工具。在英语单词记忆的时候，通过学习和使用思维图析法，可以让大脑在记忆英语单词的时候释放潜能，运用一种新的记忆途径，把枯燥无味的英语单词图像化、彩色化和幽默诙谐化，从而结合大脑的聚焦性和放射联结性把单词长期存储在脑海里。现在，我们来看看思维图析法的3个关键要点。

Point1 熟记26个字母和常见字母组合的图像标签

一个英语单词都是由A–Z这26个字母中的一些字母相互组合而成的。在传统的记忆方法中，仅仅强调通过这些字母组合成的声音去记忆，但对于我们大多数中国人来说，由于缺乏足够的语言环境，因此很难靠声音去大量地记忆。

为了解决这个问题，就要将26个最基础的字母和一些常用的组合转化成生动具体的图码，借助人为赋予的形象进行有效的联结，完成对单词的记忆。把字母转化成图码有两大方法，一是运用字母读音的谐音，二是通过字母的外形找相似物品。通过这两大方法，就可以快速精确地记忆这些图码。把这些图码牢牢地记忆下来，在记忆单词的时候，结合下面所讲解的内容，这些图码立刻就可以派上大用场。

86 26个字母及常见双字母的图码标签

26个字母转化的图码标签		
A—铁塔—外形	J—鱼钩—外形	S—蛇—外形
B—笔—谐音	K—国王—谐音	T—蘑菇—外形
C—耳朵—外形	L—靴子—外形	U—桶—外形
D—笛子—谐音	M—麦当劳—外形	V—胃—谐音
E—衣服—谐音	N—门—外形	W—电话线—外形
F—斧头—外形	O—球—外形	X—十字架—外形
G—公鸡—谐音	P—球拍—外形	Y—弹弓—外形
H—梯子—外形	Q—蝌蚪—外形	Z—台阶—外形
I—竹竿—外形	R—稻草人—外形	

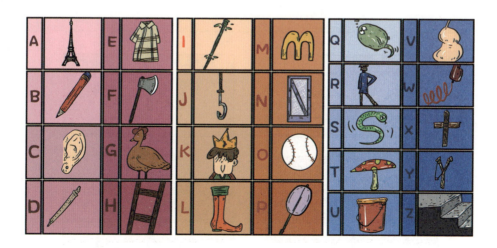

常见双字母的图码标签		
au 藕	ba 爸爸	be （钱）币、是
bi 匕（首）	bo 包	ca 卡（车）、喜爱
ce 蜥蜴	co （纽）扣、手铐	da 傣（族）、呆（子）
de 德（军）	di （皇）帝	du 肚（子）
ea （蚂）蚁	ap 阿婆	ab 阿伯
F1（赛车）	fi 飞（机）	fo 佛头
ad 广告	ga （乞）丐	et 外星人
gu 歌舞（厅）	hi 海	ho 耗子
la 拉（链）	le 鲤（鱼）	li 梨（子）
im 荧幕	ma 妈妈	mo 魔鬼
na 拿（破仑）	ni 泥（巴）	st 街道
oo 眼镜	ou 蒙古包（圆屋）	pa （手）帕
pe 皮衣	po 泡泡	ra 日（本）矮（子）
re 瑞（雪）、雪花	ri （花）蕊	ro 日元
ru （火）炉	sa 鲨（鱼）	se 司仪
su 书	te 台子、太太	ti 蹄子
to 桃子、秃	ue 巫医	va （老）外

87 思维图析法其他关键要点

Point2 找出单词中熟悉的中文拼音元素及组合

在很多的英语单词中都可以找出熟悉的中文拼音出来，运用这些中文拼音来帮助我们记忆英文单词要比死记硬背快得多。比如以"国际象棋chess"为例，按照传统的记忆方式就是"c-h-e-s-s"来记忆的。如果运用熟悉的拼音来协助我们记忆的话，在这单词中就可以找到 "车"这个中文字的拼音"che"，再结合字母"s"图码是蛇来看， "ss"就是"两条蛇"，这个单词就可以这样记忆：车（che）里面有两条蛇（ss）在下国际象棋。再比如"损毁、损坏damage"，我们直接可以找出"da、ma、ge"这3个中文拼音，联结起来记忆就是：大妈（dama）一边唱歌（ge），一边损毁东西。不但轻松记住了单词的拼写，还记住了它的中文意义，一举两得，是不是很简单？

Point3 没有熟悉的中文拼音就找熟悉的英文单词

我发现一个很有趣的现象，如果一个单词中找不出熟悉的中文拼音，就一定可以找出熟悉的英文单词，还有的甚至是熟悉的中文拼音和熟悉的英文单词组合在一起。我们如果能熟练运用这个有趣的现象，不但可以把学过的单词再巩固一遍，而且还会让单词的记忆变得更加简单。如"伤痕scar" 就找不出熟悉的中文拼音，但可以找到熟悉的英文单词"car"，结合 "s"图码 "蛇"就可以这样记忆：蛇（s）被小汽车（car）压了，就有了伤痕。又比如"羊毛衫cardigan"，就是典型的单词"car"和拼音"di、gan"的组合，那就可以这样记忆：小汽车（car）停的地（di）方是干（gan）净的，因为上面铺了件羊毛衫。

88 思维图析法练习

理解了思维图析法的3个要点后，就要把这种方法运用在今后的单词记忆中，让它形成一种条件反射式的本能反应。现在需要你来做下面的练习，请开始检验你的学习成果吧。

①infant ['ɪnfənt] 婴儿　②abuse [ə'bjuz] 滥用　③spade [sped] 铲

④guide [gaɪd] 领路人　⑤slack [slæk] 松弛　⑥cape [keip] 海角

⑦lounge[laundʒ] 休息室　⑧heat [hit] 热　⑨cheap [tʃip] 便宜

参考答案：

①infant ['ɪnfənt] 婴儿：in 在…里面 + fant 人名：范特

记忆：在范特家里面有个婴儿。

②abuse [ə'bjuz] 滥用：a 一个 + bus 公共汽车 + e 鹅

记忆：一个公共汽车只有一只鹅乘坐，很浪费啊。

③spade [sped] 铲子：spa 按摩 + de 的

记忆：按摩的时候要用铲子。

④guide [gaɪd] 领路人：gui 贵 + de 得

记忆：找个领路人是很贵的。

⑤slack [slæk] 松弛：s 蛇 + lack 缺乏

记忆：蛇缺乏营养，全身很松弛。

⑥cape [keip] 海角：cap 帽子 + e 鹅

记忆：帽子被鹅拿到海角去了。

⑦lounge[laundʒ] 休息室：loun无用之人 + ge 哥哥

记忆：休息室里的那个无用之人是哥哥。

⑧heat [hit] 热：h 梯子 + eat 吃

记忆：在梯子上吃东西很热。

⑨cheap [tʃip] 便宜：che车 + ap 阿婆

记忆：便宜的车是阿婆的。

89 数据转化单词记忆法

这种方法就是把单词当中的一些类似于阿拉伯数字的组合转换成数字组合来记忆。在英语单词记忆当中采用数据转化法，我们的视觉系统用全息摄影的方式把单词输入进大脑，大脑就会以最快的速度找出相似的阿拉伯数字组合快速进行匹配，然后把匹配好的数据与剩下的字母或者字母组合再联结起来，从而完成英语单词的记忆。这种方法不但会充分发挥大脑的转换和编码能力，还能快速达成持久的记忆效果。

我们跟人打招呼一定会说的"hello"，这个英文单词如果用数据转换法来记忆的话，效率要快得多。首先把"hello"这个单词分为"he"和"llo"这两部分，"he"就是中文字"和"的拼音，而"llo"用数据转换后就成了报警电话"110"，同时把"1"谐音成"幺"，这组数字就可以读成"幺幺零"。这个单词就可以这样记忆：和（he）幺幺零（110）打招呼说"hello"。就这样，这个单词就记住了。

正是因为数据转换法可以让单词的记忆变得更简单，所以，在我们课堂上，深受学员的欢迎。那到底有哪些字母及字母组合可以用数据转换来记忆呢？只要你善于发现和运用，答案很多很多。

常用字母组合数据转化					
字母及组合	转换后的数字	字母及组合	转换后的数字	字母及组合	转换后的数字
llo	110	log	109	bb	66
lo	10	oo	00	ool	001
b	6	ol	1	ll	11
bo	60	gg	99	loll	1011
boo	600	go	90	glo	910
blo	610	gl	91	ob	06

90 数据转化法练习

现在我们就把上节转换的组合运用在下面这些单词的记忆中。你自己先尝试一下，然后再和后面的参考答案作对比。

①doll [dɑ:l] 玩偶　②cargo ['kɑ:rgoʊ] 货物　③goose [gus] 鹅

④lock [lɑ:k] 锁　　⑤hell [hɛl] 地狱　　⑥bamboo [bæm'b] 竹子

⑦pool [pu:l] 水池　⑧balloon [bə'lu:n] 气球　⑨body ['bɑdi] 身体

参考答案：

①doll [dɔl] 玩偶：do 做 + ll 11

记忆：做了11只玩偶。

②cargo ['kɑ:gəu] 货物：car 小汽车 + go 90

记忆：小汽车装了90件货物。

③goose [gu:s] 鹅：goo 900 + se 司仪

记忆：900个司仪在吃鹅。

④lock [lɔk] 锁：lo 10 + ck 服装

记忆：10件CK服装被锁起来了。

⑤hell [hel] 地狱：he 他 + ll 11

记忆：他被打下了11层地狱。

⑥bamboo [bæm'bu:] 竹子：ba 爸爸 + m 麦当劳 + boo 600

记忆：爸爸在麦当劳里买了600根竹子。

⑦pool [pu:l] 水池：p 球拍 + ool 001

记忆：球拍被编号001这个人丢进了水池里。

⑧balloon [bə'lu:n] 气球：ba 爸爸 + lloo 1100 + n 门

记忆：爸爸拿着1100个门去买气球。

⑨body ['bɑdi] 身体：bo 60 + d 笛子 + y 弹弓

记忆：用60个笛子和弹弓打自己的身体。

91 组合联想单词记忆法

　　运用前面的两种方法累积到600个以上的单词后，我们就可以大量采用这种单词记忆法了。采用组合联想记忆的单词基本上都是由两个或者两个以上的单词组合而成，请看下面的例子：

　　rainbow 虹，彩虹：这个单词是由"rain"（雨或者下雨）和"bow"（鞠躬）两个单词组合而成的。我们记忆的时候就可以这样记忆："彩虹在下雨的时候要鞠躬。"

　　carpet 地毯：这个单词是由"car"（小汽车）和"pet"（宠物）这两个单词组合而成的。记忆也非常简单："小汽车运送的是宠物使用的地毯。"

　　restrain 限制：这个单词由"rest"（休息）和"rain"（雨或者下雨）两个单词组合而成。同样的记忆："休息的时候在下雨，所以要抑制出门。"

　　tomorrow 明天：听说这是连英国首相布莱尔都会拼错的单词，其实要记住是非常简单的。它是由"tom"（雄性动物）"or"（或者）"row"（划船、街）这三个单词组合而成的，我们就可以这样组合联想："明天的时候，那些雄性动物或者会到街上去划船。"运用好组合联想记忆，只需要记住一个英语单词就相当于记住三个或者四个英语单词，记忆的效率会大大提高。现在请做下面的练习吧。

　　①drawback 缺点、退税：

　　draw（绘制、拖曳）+ back（后退、后面）

　　记忆：要退税的话，就拖曳着绘制的东西往后退就可以了。

　　②membership 成员资格：

　　member（成员）+ ship（船）

　　记忆：一个成员想要上船必须要取得这个船的成员资格。

③enterprise 事业：

enter（开始、参加）+prise（奖赏、欣赏）

记忆：事业的成功需要开始参加活动，并需要得到奖赏。

④assassinate 暗杀、行刺：

ass（傻子、笨蛋）+ in （在……里面）+ ate （吃）

记忆：两个傻子在里面吃了东西后被暗杀了。

⑤bookshelf 书架：

book（书）+ shelf（架子）

记忆：书架是用书和架子搭建而成的。

⑥breakfast 早餐：

break（打破、折断）+fast（快、迅速地）

记忆：吃早餐要打破迅速地吃完的习惯，要慢慢吃。

92 三字经单词批量记忆法

在努力增加英语单词量的过程中，你一定会发现，有很多英文单词的词义完全不同，但拼写方式却十分相似，很多的单词相互之间只相差一个或者两个字母，还有相当大的部分相同，甚至是直接在一个单词上加上一个或者两个字母，从而组成了一个全新的单词。

由于这些单词音节不明显并且很多读音相近，很容易让我们在记忆的时候相互混淆，尤其是那些由2~4个字母组成的单词，究竟有没有一种方法，能够有效避免常见单词的混淆，并且能够有效提高这些单词的记忆效率？

所谓的三字经单词批量记忆法就是把某两个或者多个单词相同的拼写部分首先找出来，然后再根据单词的意思编写出一段幽默、诙谐、有趣的英文三字经来相互联结记忆。在记忆的时候，只需要记住这段三字经并在大脑里想象出这段三字经的场景画面，你就可以以较少的脑力记忆较多的词汇。请看下面的例子：

nay [ne] n.拒绝、反对、投反对票

kay [ke] n.凯（女子名）

say [se] n.话语、想说的意见、发言权

may [me] n.五月、能、可能

pay [pe] n.薪水、工资

hay [he] n.干草、黑河（位于英属哥伦比亚）

day [de] n.天、白天、日子、白昼

bay [be] n.海湾、狗吠声、绝路

way [we] n.路、行业、规模、情形

ray [re] n.光线、闪烁、微量

首先看这10组单词，都有同样的拼写部分"ay"。现在我们就来记忆不同的部分，这不同的部分用中国传统文化三字经的形式表现出来，并把英文单词的第一个字母大写，来加深印象：现在may（M），我家kay（K），一个day（D）领到pay（P），拿着hay（H），走上way（W），来到bay（B），借着ray（R），说着say（S），不懂nay（N）。

93 三字经单词批量记忆法练习

找出下面两组英语单词中相同的拼写组合，编写出一段英文三字经，根据编写的英文三字经，写出你想象的情景画面。

练习1：

bet [bet] v.赌、赌钱

net [net] n.网、网络

get [get] vt.获得、变成、收获

pet [pet] n.宠物、受宠爱的人

yet [jet] ad.仍、至今

wet [wet] a.湿的、潮湿的、有雨的、多雨的

jet [dʒet] n.喷射、黑玉、喷气机

let [let] vi.出租； vt.允许

vet [vet] n.兽医、老

het [het] n.热、热度、高温、热烈

参考答案：

天气het（H），空气wet（W），有个vet（V），养只pet（P），装上net（N），用于 let（L），很多get（G），买了jet（J），爱上bet（B），一直yet（Y）。

想象场景：天气热了，空气非常潮湿，有一个兽医，养了只宠物，装上了网络，把这只宠物出租了出去，收获了很多钞票，就去买了个喷气飞机，到澳门去旅游时，爱上了赌钱，一直到现在。

练习2：

jut [dʒʌt] v.（使）突出、（使）伸出、突击；n.突出部分、伸出部分

but [bʌt，bət] prep.除...以外、但是

gut [gʌt] n.（复）内脏、小肠、剧情、内容、海峡

nut [nʌt] n.坚果、螺母、螺帽、难解的问题

cut [kʌt]v.切（割、削）、（直线等）相交、剪、截、刺穿、刺痛、删节、开辟

put [pʊt] vt.放、摆、移动、提出、赋予

hut [hʌt] n.小屋、棚屋

out [aʊt] n.外面、外出

rut [rʌt] n.定例、惯例

参考答案：

修建hut（H），要吃gut（G），这是rut（R），遇到nut（N），非常jut（J），无法cut（C），只好put（P），全部out（O），而你but（B）。

想象场景：你带领着一群工人去修建一个小屋，吃午饭的时候工人们要吃动物的内脏，他们说这是惯例，不吃不行，你只要去买，在路上你遇到了一个难解的问题，非常的突出，想了很久都没有办法解决，最后只好把问题摆放在脑海里面，非常的郁闷，一个工人一不小心，惹火了老板，老板就把他们全部赶了出去，除了你之外一个都没有留。

获取最强大脑

94　21天养成法

心理学家说："一个人的习惯是坚持一个行为21天后养成的。"这句话用在记忆力提升训练的过程中也是适用的。只要你运用我前面教授的这些提升记忆力的方法和技巧，坚持练习21天，在22天的时候，你一定会拥有更好的记忆力。从现在开始，在自己的工作、生活以及学习中，把这些方法和技巧有效地运用起来吧。

①把工作、生活、学习中接触到的各种文字资料进行图片转化。

②把你所有通过话的电话号码利用数字图码或者谐音转换立即记下来。

③运用信箱法把自己所做演讲或者会议记录中的要点一一对应记住。

④把自己公司或者竞争对手的产品特点拟定出来，运用数字图码信箱一一对应着记忆。这样的话，你在跟客户进行商业谈判的时候就会轻松很多。

⑤晚上睡觉之前，翻出词典中的5~10个英语单词，将这些单词运用前面所讲授的方法记忆一遍，早上醒来再复习一遍，就可以在短时间之内增加你的英语词汇量。

⑥翻出名片册中所有的名片，让你的同事随意抽取10张出来，然后你将这些名字和公司名称进行图像化。

⑦记住现在书店里面的畅销书和火爆的电影作品，这样可以在谈话的时候容易找到共同语言，拉近人与人之间的距离。

⑧把工作中的日程计划、周期安排或者项目的流程等转换成夸张、夸大、诙谐的记忆材料，即使是你很熟悉的流程，你也可以尝试一下。

⑨翻一翻每天的报纸或者打开电脑浏览一下网页，然后用数字图码记住你认为的要点。

以上这9点，哪怕你每天抽出5~10分钟去坚持做到其中的2~3点，在一个月之后，你就会发现你的运用熟练了很多，记忆的速度也比以前有了很大的进步。

　　坚持21天吧，把本书中的内容融入你的大脑，一旦你能熟练地运用这些方法和技巧，一定会让你受益终身，因为，记忆的能力一旦得到提升，你就永远不会失去它。

95 逃离记忆训练的误区

下面2个误区是我在培训中经常遇到的情形，正因为这些错误的观念，让很多人在学习的时候沮丧万分，丧失了学习的兴趣。

误区1 麻烦

用记忆法来记忆各种材料，不但要对抽象的词语和句子转换，而且还要对各种数据用图码编码，最要命的是，还要让很多一直习惯线性思考的人开动右脑想象出各种图像和画面来。对于一些习惯用左脑条例式死记硬背的人来说，用记忆法来记忆各种资料是有点麻烦的。造成这种状况有两个原因：一是习惯，二是没有弄清楚记忆的真正目的。

人类在某种程度上应该说是习惯的奴隶。对于已经养成的习惯，没有人会觉得麻烦。刚开始开车的人听到那么多开车的条条框框一定会觉得非常麻烦，一旦通过不断地练习，养成了习惯，通过考试能熟练驾驶汽车的时候，以前觉得的这些麻烦都不再是麻烦了。

学习记忆训练课程的时候，我们必须要弄清楚学习的目的，而这是能否学好这个课程的关键。只要你懂得了记忆力训练能够让学习资料记得牢固，在大脑里面存储的时间够长，保证了考试的分数，一切麻烦对你来说都是小菜一碟了。更何况和你今天记住了、明天又忘记了带来的考试不及格这个大麻烦相比，这点麻烦是可以忽略不计的。

误区2 费时间

记忆力训练这个方法好是好，可就是太费时间了。还没有我直接就对资料进行理解分析过后，记起来快。归根到底，还是"嫌麻烦"导致的。

采用记忆训练课程中所学到的方法和技巧来记忆我们学习中的知识要点，不但会让我们从短期记忆过渡到长期记忆，对各科知识点的记忆更加牢固，历久弥新，而且还会拓展思维能力，培养出优势思维。很多人用自己的左脑快速记忆，看似节省了时间，实际上却是在浪费时间。因为这种没有给大脑带来任何刺激的条例式记忆虽然记得快，但同样忘得也比较快。而且这样的记忆还会给不少的学生带来一种"我已经学过了"的假象，对记忆的知识要点都处于模棱两可的状况，一旦上考场就会遇到很大的麻烦。

96 记忆终极大测试

经过这么多天的学习，请鼓励一下自己，能坚持这么久去了解和学习这一先进的记忆方法。经过前面的学习和自己的练习，我相信你已经准备好面对即将进行的这场终极大测试了。现在，请你深呼吸，放松并集中自己的注意力，运用我前面所讲授的超级记忆方法和技巧把这些资料完整地记忆下来，开始吧，你会为自己所取得的成绩惊喜的。

测试1 用2分钟记忆下面的20组生僻词汇，你可以用链式记忆，可以用信箱法记忆，完成后将这20项词汇盖上，把对应的词汇写在下面的横线上。开始吧。

①河水　②柴火　③玩具工厂　④老师　⑤开刀

⑥箩筐　⑦手帕　⑧糖葫芦　⑨锄头　⑩衣服

⑪商品　⑫经济　⑬价值观　⑭荒凉　⑮思维

⑯工业　⑰发扬　⑱精彩　⑲历史　⑳影响力

你所需的时间是：_____分_____秒

请按照顺序写下词汇：

①_____　②_____

③_____　④_____

⑤_____　⑥_____

⑦_____　⑧_____

⑨_____　⑩_____

⑪_____　⑫_____

⑬_____　⑭_____

⑮_____　⑯_____

⑰_____　⑱_____

⑲_____　　　⑳_____

　　　　　每个词汇的得分是1分。你的得分是：_____分

测试2　请把下面这10项资料按顺序记忆下来，花费时间不超过2分钟。

①苏堤春晓　②双峰插云　③三潭印月　④曲院风荷

⑤平湖秋月　⑥南屏晚钟　⑦柳浪闻莺　⑧雷峰夕照

⑨花港观鱼　⑩断桥残雪

　　　　　你所需的时间是：_____分_____秒

请按照顺序写下资料：

①_____　　　②_____

③_____　　　④_____

⑤_____　　　⑥_____

⑦_____　　　⑧_____

⑨_____　　　⑩_____

　　　　　每项资料的得分是1分。你的得分是：_____分

测试3　请用10分钟记忆下面的10项数字资料。

①1888年1月27日，美国国家地理学会成立。

②1956年1月28日，中国大陆通过《简化字总表》，开始推行简体汉字。

③1909年2月1日，万国禁烟会在上海召开。

④1956年2月6日，国务院发布推广普通话的指示。

⑤1926年2月8日，美国考古探测队在墨西哥发现玛雅人金字塔。

⑥1907年2月10日，中国勘定第一口井。

⑦1936年2月26日，德国大众汽车问世。

⑧1924年3月4日，歌曲《祝你生日快乐》正式公开发表。

⑨1909年3月8日，国际劳动妇女节。

⑩1986年3月9日，中国历史上最大的辞书《汉语大字典》编撰完成。

你所需的时间是：_____分_____秒

请按照顺序写下答案：

① 美国国家地理学会成立的时间是：

② 中国大陆通过《简化字总表》，开始推行简体汉字的时间是：

③ 万国禁烟会在上海召开的时间是：

③ 国务院发布推广普通话的指示时间是：

⑤ 美国考古探测队在墨西哥发现玛雅人金字塔的时间是：

⑥ 中国勘定第一口井的时间是：

⑦ 德国大众汽车问世的时间是：

⑧ 歌曲《祝你生日快乐》正式公开发表的时间是：

⑨ 国际劳动妇女节确定的时间是：

⑩ 中国历史上最大的辞书《汉语大字典》编撰完成的时间是：

每项资料的得分是1分。你的得分是：_____分

测试4 用5分钟记忆下面这10项条文资料。

① 人类首次从恐龙蛋化石中获得恐龙的遗传物质。

② 我国首次发现三亿年前古生物化石。

③ 居民身份证制度开始实施。

④ 第一次夺得乒乓球男子团体冠军。

⑤ 加拿大医生班延发现胰岛素。

⑥ 芝加哥工人大罢工："五一节"的由来。

⑦ 转基因水稻在安徽合肥问世。

⑧ 探险家阿蒙森探明地球磁极。

⑨ 弗莱明发明青霉素。

⑩ 比基尼泳装首次亮相。

你所需的时间是：_____分_____秒

请按照顺序写下资料：

① _____

② _____

③ _____

④ _____

⑤ _____

⑥ _____

⑦ _____

⑧ _____

⑨ _____

⑩ _____

每项资料的得分是1分。你的得分是：_____分

测试5 用5分钟记忆下面10个英语单词。

① lolly 棒棒糖　　② hippo 河马　　③ scar 伤痕　　④ educate 教育

⑤ scary 令人恐惧的　　⑥ chess 国际象棋　　⑦ kangaroo 袋鼠

⑧ panda 熊猫　　⑨ molecule 分子　　⑩ extinguisher 灭火器

你所需的时间是：_____分_____秒

请按照顺序写下单词：

① _____　　② _____

③ _____　　④ _____

⑤ _____　　⑥ _____

⑦ _____　　⑧ _____

⑨ _____　　⑩ _____

每个单词的得分是1分。你的得分是_____分

　　现在将所有的得分加起来，和你第一次测试的成绩进行比较，你将会为自己的进步而感到骄傲！

　　希望你享受提升记忆能力的这段旅程，但我不希望你把这本书看完了以后，这段属于自己的旅程就结束了，学以致用才是我对你最真诚的期望。如果你对自己这次终极测试的成绩满意的话，那我恭喜你，你终于达成自己的目标了。如果你对自己的成绩不是太满意的话，也没有关系，坚持一下，运用这些记忆方法和技巧，从现在开始，结合自己书本上的学习资料继续练习，21天后，你会发现奇迹真的出现了：自己的记忆力和思维能力真的提升了5-20倍！